国际时尚设计丛书·服装

法国服装实用制板技术讲座

法国时装纸样设计

[法] 特雷萨·吉尔斯卡 / 著

高国利 / 译

平面制板应用编

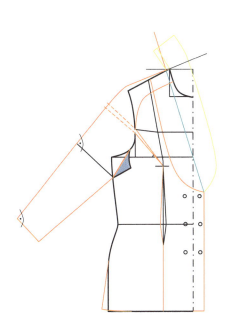

中国纺织出版社

内 容 提 要

本书主要内容涵盖人体测量，基础样板，上衣、裤子各部件及整体的款式设计和平面制板，披风、紧身胸衣、无带胸衣、礼服裙的款式设计和平面制板。本书内容丰富、实用易学，主要特点是没有标准号型，也没有严格限定的尺寸，目的在于提高读者实际应用能力的同时，提高读者的创造力。

本书可结合《法国时装纸样设计 平面制板基础编》《法国时装纸样设计 立体裁剪编》《法国时装纸样设计 婚纱礼服编》使用，也可单独使用。既可供高等院校服装专业学生学习使用，供服装企业设计人员、技术人员阅读，也可供广大服装爱好者自学参考。

原文书名：Le Modélisme de mode, Volume 2: Coupes à plat, les transformations

原作者名：Teresa Gilewska

译者姓名：Gao Guoli

©原出版社，出版时间：Groupe Eyrolles, 2008

Original French title: *Le modélisme de mode, Volume 2: Coupe à plat, les transformations*

©2008 Groupe Eyrolles, Paris, France

本书中文简体版经Group Eyrolles授权，由中国纺织出版社独家出版发行。

本书内容未经出版者书面许可，不得以任何方式或任何手段复制、转载或刊登。

著作权合同登记号：图字：01-2010-1829

图书在版编目（CIP）数据

法国时装纸样设计. 平面制板应用编/（法）吉尔斯卡著；高国利译. —北京：中国纺织出版社，2014.7

（国际时尚设计丛书.服装）

法国服装实用制板技术讲座

ISBN 978-7-5180-0465-2

Ⅰ.①法⋯　Ⅱ.①吉⋯ ②高⋯　Ⅲ.①服装设计—纸样设计—制板工艺　Ⅳ.①TS941.2

中国版本图书馆CIP数据核字（2014）第034541号

策划编辑：张晓芳　责任编辑：魏 萌　张 祎　特约编辑：朱 方

责任校对：梁 颖　责任设计：何 建　　　　　责任印制：储志伟

中国纺织出版社出版发行

地址：北京市朝阳区百子湾东里A407号楼　邮政编码：100124

销售电话：010—87155894　传真：010—87155801

http://www.c-textilep.com

E-mail: faxing@c-textilep.com

官方微博 http://weibo.com/2119887771

北京新华印刷有限公司印刷　各地新华书店经销

2014年7月第1版第1次印刷

开本：787×1092　1/16　印张：15.25

字数：155千字　定价：58.00元

凡购本书，如有缺页、倒页、脱页，由本社图书营销中心调换

前言

在我们学习了第一本书《法国时装纸样设计 平面制板基础编》，掌握了平面制板的基本规则，并且能够制作基础样板之后，第二本关于结构设计的书《法国时装纸样设计 平面制板应用编》，将进一步指导你在工作中灵活运用所学知识，无论你是专业人士还是业余爱好者。

对于那些已经熟知服装基础理论，想进一步发挥创造力，或者希望拓宽知识面，更深入学习制板的人，我推荐这本书。

我的愿望是将"关键的钥匙"交给各位，让你们有自由实现设想的能力，同时能有效地避开一些阻碍。因此，本书将详细阐述如何从原型入手，一步步地完成各类款式。

与第一本书相同，本书中不会有38或40的标准尺码，不会有严苛的款式限定，也不会有简单的模板……我将根据所定的尺寸，对每个款式做详细的解释，这有助于大家今后能独立地进行结构创作。

《法国时装纸样设计 平面制板基础编》和《法国时装纸样设计 平面制板应用编》两本书，将通过独特的、富有逻辑性的、简单而易于学习的方式，让大家掌握非常复杂和非常细节化的结构设计技巧。

衷心希望大家在学习了本书所介绍的制板方法之后，能顺利完成不同款式的服装样板。

特雷萨·吉尔斯卡

目录

四、和服袖 / 73

原型 / 74

蝙蝠袖 / 76

和服袖的倾斜角度 / 78

和服袖的袖底插片 / 79

五、和服袖的款式 / 83

圆领、有通省长和服袖上衣 / 84

V型领、肩部抽褶、长和服袖上衣 / 87

带袖窿省、短和服袖上衣 / 90

袖底有插片、直身和服袖上衣 / 92

船型领、前胸有分割线、
短和服袖上衣 / 96

船型领、连肩、收腰和服袖上衣 / 99

连领、艺术分割线、有衬里
和服袖上衣 / 101

圆领、艺术分割线、收腰和
服袖上衣 / 106

青果领、口袋位于分割线、
有衬里和服袖上衣 / 109

六、插肩袖 / 115

插肩袖的结构特点 / 116

七、插肩袖的款式 / 121

插肩袖、前胸收褶短上衣 / 122

立领、插肩袖、直身衬衫 / 126

青果领、插肩袖、公主线上衣 / 129

一、概述 / 7

人体测量 / 9

上衣的基础样板 / 10

省道的不同类型 / 14

推档 / 19

二、上衣 / 23

上衣的结构设计 / 24

上衣的多种分割方式 / 26

西装领 / 27

青果领 / 34

袖子 / 35

西装袖 / 39

三、上衣的款式 / 47

V型领、公主线分割、收腰上衣 / 48

戗驳领、公主线分割、收腰上衣 / 52

青果领、小侧片、收腰上衣 / 56

西装领、经典西装袖、收腰上衣 / 60

V型青果领、胸前交叉、收腰上衣 / 64

经典翻领、收腰牛仔上衣 / 70

带领尖青果领、插肩袖、
收腰大衣 / 133

插肩袖、双排扣、经典大衣 / 139

加长青果领、插肩袖、
直身短大衣 / 144

八、裤子 / 149

裤子的尺寸测量 / 150

裤子基础样板的制作 / 151

基础样板的修正 / 154

省道和腰围线 / 155

加松量 / 156

折边 / 157

面料的伸缩性 / 158

裤子样板的推档 / 159

九、裤子的款式 / 161

紧身裤 / 162

直筒裤 / 164

齐小腿肚窄裤 / 166

斜插袋、有褶裥长裤 / 168

喇叭裤 / 170

连身裤 / 172

短裤 / 174

背带裤 / 176

低裆裤 / 179

灯笼裤 / 184

牛仔裤 / 186

低腰裤 / 188

十、连帽 / 191

经典连帽 / 192

十一、连帽的款式 / 195

加宽领口、前双排扣、
连帽领 / 196

平贴在背部、有省道、
可拆卸连帽 / 198

基础连帽 / 200

十二、披风 / 203

披风的基础样板 / 204

十三、披风的款式 / 207

阿拉伯式斗篷 / 208

翻领、插肩分割、直身披风 / 211

南美牧人风格披风 / 214

披肩 / 217

十四、紧身胸衣 / 219

紧身胸衣制板的特殊量体方法 / 220

无带胸衣的腰省 / 221

十五、无带胸衣的款式 / 223

直身胸衣 / 224

前片不对称胸衣 / 226

分割式胸衣 / 228

罩杯式胸衣 / 230

翻立领、开襟短上衣 / 232

十六、礼服裙 / 235

带裙撑经典礼服裙 / 236

单侧收褶裥礼服裙外裙 / 238

两侧收褶裥礼服裙外裙 / 240

后中有叠起褶裥礼服长裙 / 242

衬裙 / 243

一、概述

　　本书在《法国时装纸样设计　平面制板基础编》一书的基础上，进一步介绍了平面剪裁的专业技巧，也更适合从事服装结构设计专业的人员学习。

　　我们画款式效果图，是为了方便大家理解样板的结构，一步一步地从最简单的设计细节到最复杂的结构分割线。

　　为了能让大家了解所有重要的平面制板技巧，本书选择了一些成功的款式来做讲解，既体现了时尚流行，也能帮助大家提高创造力。当然还要强调一点，在这本书里，没有标准号型，也没有严格限定的尺寸。

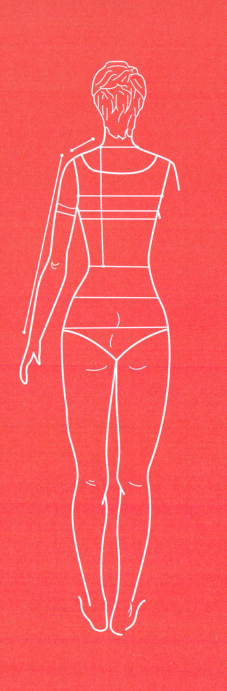

人体测量

人体测量示意图如图1-1所示。

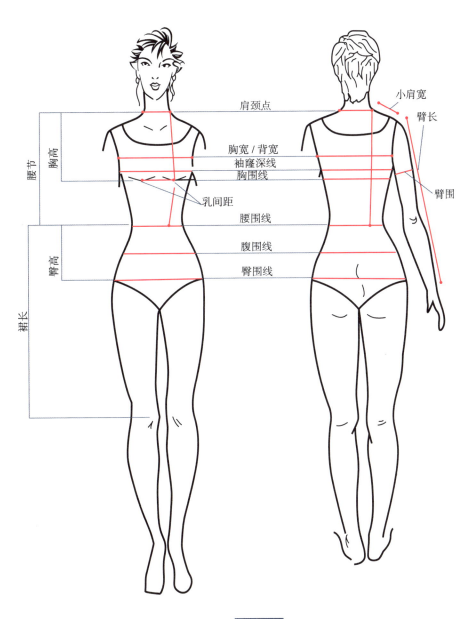

肩颈点

小肩宽

臂长

胸宽 / 背宽
袖窿深线
胸围线

腰节

胸高

乳间距

臂围

腰围线

腹围线

臀高

臀围线

裙长

图 1-1

上衣的基础样板

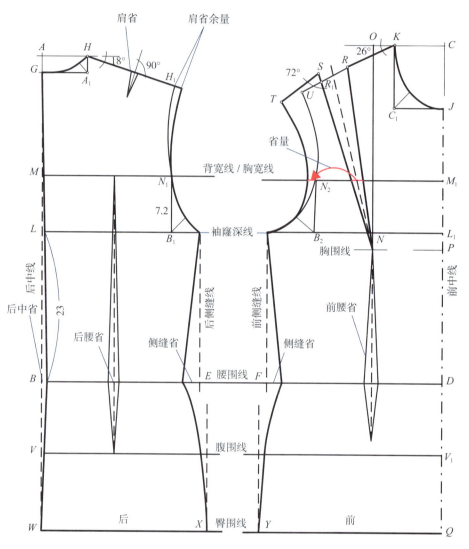

图 1-2

BD：腰围线	*BV*：腹围高度
VV₁：腹围线	*BW*：臀高
WQ：臀围线	*WX*：后臀宽
	YQ：前臀宽

想了解更多关于身体测量方面的知识，尤其是正确测量的方法，请参考《法国时装纸样设计　平面制板基础编》一书。

无论选择哪一种制板方法，都必须根据试衣对象的体型，先准备上衣的基础样板（图1-2）。

法国时装纸样设计　平面制板应用编

我们来举例说明：AB=后腰节长=44cm，CD=前腰节长=46cm，（$BE+FD$）×2=胸围=92cm。

根据所定的尺寸，绘制基础样板。通常先画后中线：这条垂直结构线等于44cm。然后画水平结构线——胸围线和落肩线。

1.后胸围

后胸围/2=BE=胸围÷4－1cm=92÷4－1cm=22cm

2.前胸围

前胸围/2=FD=胸围÷4＋1cm=92÷4＋1cm=24cm

3.后领弧线

为了让领口弧线能完美贴合颈部，首先将领口总长÷16，得到AG，即后领深；再将领口总长÷6，得到AH，即后领宽。

例如，领口总长=38cm

后领深=AG=38cm÷16≈2.38cm

后领宽=AH=38cm÷6≈6.3cm

在夹角A_1的角平分线上，量出1.5cm。然后用曲线板画出领口弧线。

4.前领宽

前领宽的计算方法与后领宽相同（$KC=AH$=领口总长÷6）。

前领深CJ=领口总长÷6，然后加2cm。

例如：领口总长=38cm

前领深=CJ=（38cm÷6）＋2cm≈6.3cm+2cm=8.3cm

在夹角C_1的角平分线上，量出2.5cm。然后用曲线板画出前领口弧线。

5.小肩线

确定后衣片的肩斜角度为18°（HH_1），前衣片的肩斜角度为26°（KU），然后在肩斜线上标记肩宽（例如，小肩宽=14cm）。

6.袖窿

袖窿深=后腰节长÷2＋1cm，即BL=（44cm÷2）+1cm=23cm。

距腰围线23cm，画袖窿深线LL_1。

7.背宽线/胸宽线

要在袖窿弧线上，标记背宽线的位置。

背宽线高度=LM＝［（后腰节长－袖窿深－后领深）÷3］＋1cm＝［（$AB–BL–AG$）÷3］＋1cm＝［（44－23－2.38）÷3］＋1cm≈7.2cm。

在袖窿深线上7.2cm的位置，画背宽线。

在后衣片B_1的角平分线上，量出3cm并标记；在前衣片B_2的角平分线上，量出2.3cm并标记。然后用曲线板，经过标记点分别画前袖窿弧线和后袖窿弧线。

请注意：如果只绘制1/2的样板（后衣片/2和前衣片/2），那么背宽线也只需要画1/2。

例如：背宽线=36cm，背宽线/2=MN_1=36cm÷2=18cm。

胸宽线=34cm，胸宽线/2=N_2M_1=34cm÷2=17cm。

注意：

不要混淆胸围线和袖窿深线！一般来说，胸围线深于袖窿深线。但如果是宽松的款式，或者胸围较大时，这个差数可以忽略。

8. 基础省（肩省）

为了确定肩省位置，有些尺寸至关重要，如胸高和乳间距。

例如，胸高=ON=27cm，乳间距/2=NP=19÷2=9.5cm

从肩线中点R画直线连至胸高点N，然后，从肩线中点向外加上肩省量，得到R_1点连接R_1点和胸高点N。这样，肩省就完成了。

肩省量=胸围/20。

例如，胸围=92cm，肩省量=92÷20=4.6cm。

省道的两条边线要保持一样的长度延长NR_1至S点，RN=SN。

为了调整肩线（在缝合了肩省后），肩线ST与省道SN的夹角为72°。

然后，加上被肩省收掉的量，计算出前胸宽。

9. 腰省

胸围减去腰围所得的差数，可以通过收省的方式，将这个多余量收掉。这个余量可以被分散到7个基本省：

— 2个垂直的前腰省，位于胸围线下，一般省量不超过3cm。

— 2个后腰省，省道的中线分别位于背宽/4处，省量通常不超过3cm。

— 2个侧缝省，省量一般不超过4cm。

— 1个后中省，省量一般在1~2cm。

计算实例：胸围=92cm，腰围=68cm，如何合理地分配腰省量？

■ 胸围–腰围=92cm–68cm=24cm。

■ 24cm÷2=12cm=收腰总量/2（因为只需要制作1/2上衣样板）。

■ 12cm–1cm（后中省/2）=11cm。

■ 11cm÷4=2.75cm，即前后省量都一样。另外也可以这样分配省量：前腰省和后腰省为2.5cm，侧腰省/2=3cm。

重新检查：1cm（后中省 /2）+2.5cm（后腰省）+2.5cm（前腰省）+2×3cm（侧腰省 /2）=12cm，这就是要收掉的腰省总量。

不同的人有不同的省量分配方式。如果胸腰差不同，计算出的结果也会有所不同。

后腰省的省尖位置不宜超过背宽线。前腰省的省尖位置一般距离胸高点2cm左右。

10.后肩省

后肩省在后肩斜线的1/2处，并和后肩线呈90°角。

省量为1cm左右，省道的长度为7cm左右。

但要注意，肩省很少用在小尺码的服装上；只有那些胸部隆起明显的大尺码服装才有必要加肩省。当选用没有弹性的厚重面料时（缝制外套或者大衣），加肩省可以更好塑型；而当选用的面料又飘逸，又轻盈，或有些弹性时，肩省就没有必要加了。

至此，基础样板全部完成。

省道的不同类型

收省的目的，是为了能让服装更好地贴合人体曲线。基础省的中线是直线，省量由两边平均收掉。根据服装款式和所用面料，同时也为了更贴合人体曲线，省道可以被修正，也就是说，可以改变位置、方向和形状。

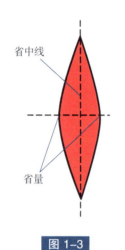

图1-3

直省

直省是一种最常用的省道。省中线是垂直线，左右两省边线相同。所以，将收省量除以2，然后平均分配在中线两侧即可（图1-3）。

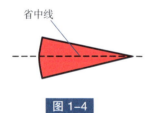

图1-4

水平省

水平省通常起始于上衣的侧缝。省道中线左右两侧收省量相等（图1-4）。

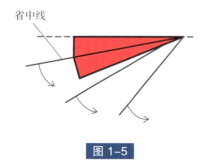

图1-5

斜省

斜省是将省道的中线旋转而得，通常起始于上衣的侧缝。省中线两侧收省量相等（图1-5）。

法国时装纸样设计　平面制板应用编

单侧收量的直省

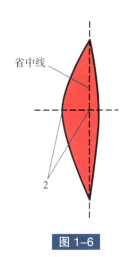

省中线

2

图1-6

此类省道非常特别，常用于紧身胸衣的制板，因为便于在拼缝内加入鲸鱼骨（一种富于弹性的鱼骨，可以塑型）；也可以用于需要对横格的服装（图1-6）。

省道的形状和位置，取决于分割线的选择以及面料质地。图1-7和图1-8，介绍了省道的两种不同外观效果。

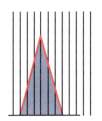

直省，中线两侧省量均等

图1-7

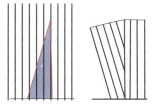

直省，单侧收掉省量

图1-8

注意：

如果省量仅由省道单侧收掉，那么大小不应该超过2cm，并且省道两省边线长度差不超过1cm，否则在缝合时会引起麻烦。

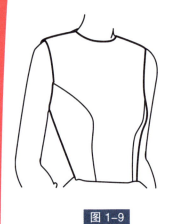

案例：直省，单侧收掉省量

为了让上衣的胸部更加贴合人体曲线，单侧收掉省量是非常必要的（图1-9）。

首先，根据所定尺寸，画出上衣的基础样板。然后确定省道的中线和分割线位置（图1-10）。

腰省的修正非常必要，这样才能得到优美的胸部弧线（图1-11）。

图1-9

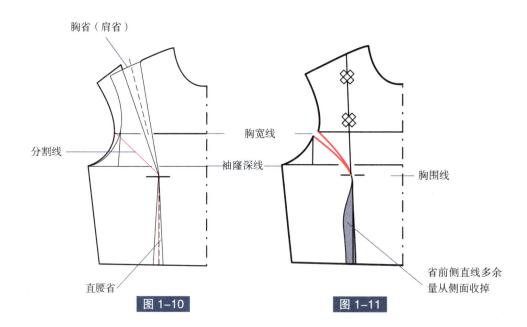

胸省（肩省）

分割线

直腰省

图1-10

胸宽线

袖窿深线

胸围线

省前侧直线多余量从侧面收掉

图1-11

法国时装纸样设计　平面制板应用编

图1-12

案例：位于分割线上的斜省

此例斜省位置取决于分割线的位置（图
1-12），省量等于侧胸省和腰省的总和。

首先根据所定尺寸，画出上衣的基础样板，
然后画两个省道（侧胸省和腰省）以及结构分割
线（图1-13）。

将两个省道合并后，在结构分割线位置会自
然形成新的省道（图1-14）。

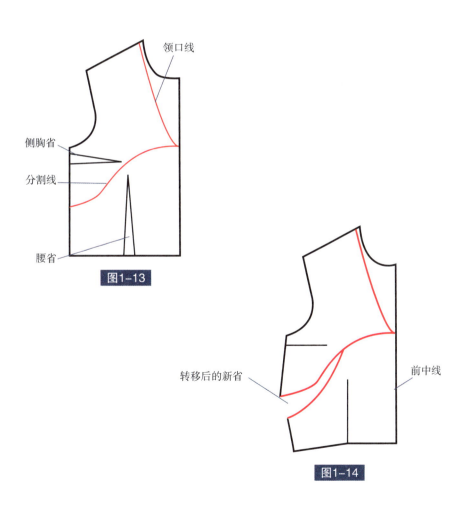

领口线

侧胸省

分割线

腰省

图1-13

转移后的新省

前中线

图1-14

一、概述

图1-15

案例：斜省，旋转基础省的中线

此例样板（图1-15）制作首先要根据尺寸，准备上衣的基础样板（图1-16）。画出肩省和腰省，然后标明斜省的位置（图1-16，红线）。

合并肩省后（图1-17），斜省 X 自然在侧缝线上形成。合并腰省后，第二个斜省 Y 在斜省 X 下方形成。

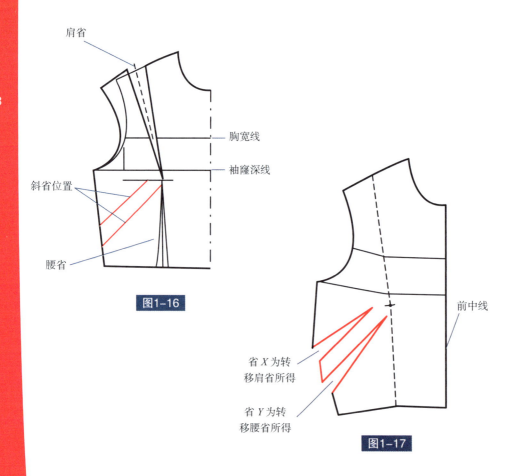

肩省

胸宽线

袖窿深线

斜省位置

腰省

图1-16

前中线

省 X 为转移肩省所得

省 Y 为转移腰省所得

图1-17

法国时装纸样设计　平面制板应用编

推档

推档是指在完成的标准样板基础上，加大或缩小几个尺码的操作。

我们可以用两种方式推档：人工推档或者计算机自动推档（依赖于专业软件）。但无论采用哪种方式，都是建立在基础样板的基础上。

在推档过程中，保证服装的造型、体积和款式不变是非常重要的。不管使用哪种推档方式，都必须严格按照"推档档差参照表"所定的尺寸（参考下表）。无论款式怎样变化，不同生产厂商的尺码规格怎样不同，或者穿着者的个人要求如何不同，这些尺寸都是通用的。

推档档差参照表

单位：cm

胸围	4.0
腰围	4.0
领围	1.0
乳间距	0.25
背宽	0.6
胸宽	0.6
臀高	0.25
胸高	0.5
后腰节长	0.5
前腰节长	0.5
肩线长	0.2
臂长	1.0

如果要将尺码变大，在基础样板的基础上，根据推档档差参照表，加上设定的数值，即可得到新尺码的尺寸（若缩小尺码，可在基础样板基础上，减去设定的数值）。

根据推档档差参照表所定的数值，将基础样板变大或者缩小。箭头的方向表示推大尺码，反方向则是减小尺码。

推档可以逐一完成，也可以一次性推多个尺码（图1-18）。

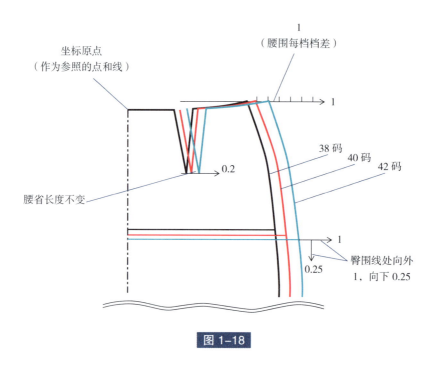

图1-18

注意：
　　腰围线的推档，仅在垂直和水平两个方向。

法国时装纸样设计　平面制板应用编

推档实例说明

通常，推档是以厘米（cm）为计算单位的。

在基础样板基础上，标记需要推档的点位、方向和推档量（图1-19），然后完成推档（图1-20）。

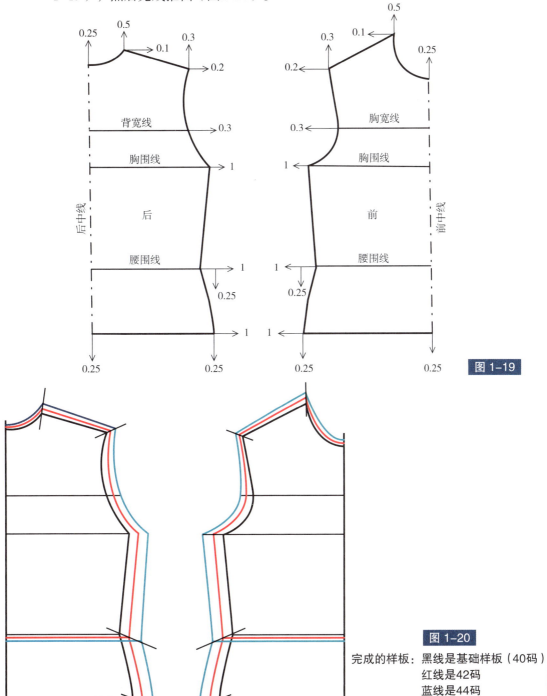

图 1-19

图 1-20

完成的样板：黑线是基础样板（40码）
红线是42码
蓝线是44码

二、上衣

　　不可否认，上衣在最初出现时，是为了服务于男士。但现在，在女士们的衣橱里，它也是不可或缺的了。

　　从运动上衣到经典的正式外套，上衣有非常多的款式变化：有分割线或者没有，有（礼服的）燕尾或者没有，加衬里或者不加，不同收腰效果，等等。

上衣的结构设计

在设计上衣款式时，采用怎样的结构分割线，主要取决于所用面料的质地、当季的流行趋势以及穿衣对象的体型特点，经典款上衣如图2-1所示。

经典款上衣
适度收腰，有前腰省、
后腰省和侧腰省

图2-1

通过腰省（后腰省、前腰省和侧腰省）来达到收腰的目的，而这些省可以转变为结构分割线（图2-2）。

公主线上衣

图2-2

有的上衣款式没有侧缝线和侧腰省，这种结构在制板时会带来一些困难（图2-3）。

没有侧缝线的收腰上衣

图2-3

上衣的多种分割方式

经典的收腰上衣，如果采用通天省的设计，能够达到完美的外观效果（图2-4）。

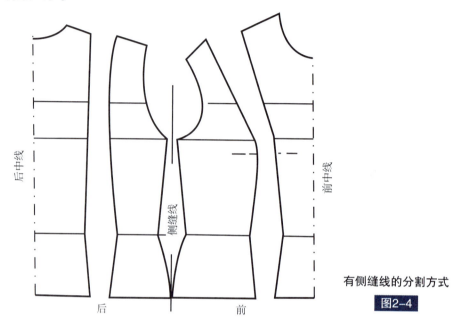

有侧缝线的分割方式

图2-4

图2-5所示上衣，侧缝线由小侧片取代，这样能达到更好的收腰效果。这种服装结构常常用于男式西装。

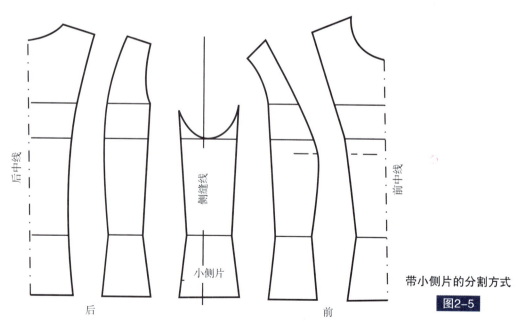

带小侧片的分割方式

图2-5

法国时装纸样设计　平面制板应用编

西装领

多种西装领款式

一般的西装领是V字型，由向外翻折的领驳头和贴合颈部的领子组成。领驳头和领子的造型多种多样，但制板的方法却是一样的。

图2-6所示介绍了不同的西装领款式。

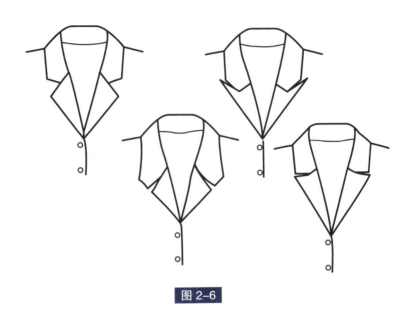

图 2-6

西装领由多个部件构成：领驳头、领座和翻领等（图2-7）。

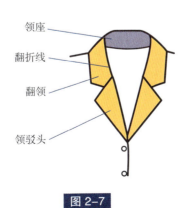

图 2-7

二、上衣

领驳头

领驳头是上衣前片的一部分。根据款式需要，它的形状可大可小。为了美观，必须很好地拼接驳头和翻领部分（图2-8）。

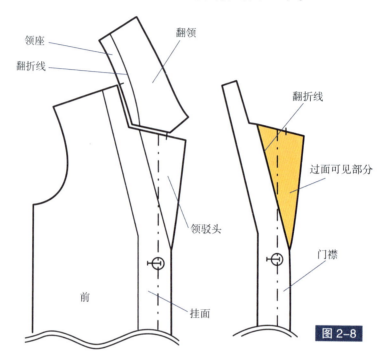

图 2-8

挂面

挂面非常重要，因为它向外翻折形成了前片的驳头。挂面与领子缝合，也与衣服的衬里缝合。

在可见的挂面外翻部分，缝线整齐是至关重要的，所有翻折部位表面必须非常平整服帖（图2-8）。

西装领的制板步骤

根据尺寸,首先准备西装上衣的基础样板。然后在样板上画出所需要的领子和驳领形状(图2-9,黄色部分所示)。

① 一确定门襟宽度和西装领的深度。

② 一从上衣领口位置开始,延长肩线。

③ 一在肩线的延长线上量出2.5cm,这个尺寸根据领座的宽度和款式的要求而定。

④ 一画出领子的翻折线(蓝线所示)。

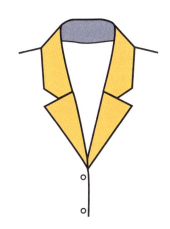

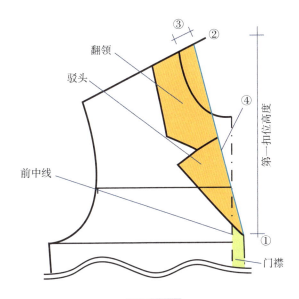

图 2-9

⑤ —以翻折线为中线，用透明拷贝纸复制出对称的领子和驳头（图2-11）。

⑥ —经过领口画一条与领子翻折线平行的直线（图2-10，黄线所示）。

⑦ —延长驳领的上边缘线，与翻折线的平行线相交。

⑧ —在翻折线的平行线上，量出后领口弧长/2，然后减去0.5cm。

例如：后领口弧长/2=8.7cm−0.5cm=8.2cm。

⑨ —画出肩线的平行线，作为后领的中线。

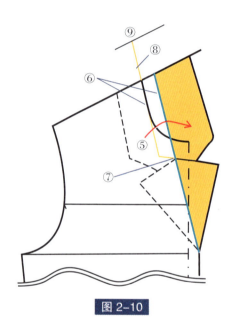

图2-10

法国时装纸样设计 平面制板应用编

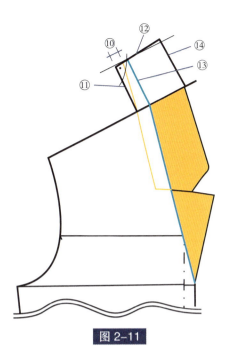

图 2-11

⑩ —在肩线的平行线上，量出2.5cm，这个尺寸非常重要，因为它由领座和翻领高度决定，数值越大，翻领和领座的差数也越大，领子距颈部越远；相反，翻领和领座差数越小，领子也越贴合颈部。通常采用常数2.5cm。

⑪ —连接该点至肩线。

⑫ —画⑪的垂直线，量出领座高度（2.5cm）和翻领宽度（约为6cm）。

⑬ —画翻折线，与⑪所画的直线平行。

⑭ —画⑬的平行线，领外口线就基本完成了（图2-11）。

为了便于缝合领子和衣身，需要将领子样板上有夹角的部分都画圆顺（图2-12）。

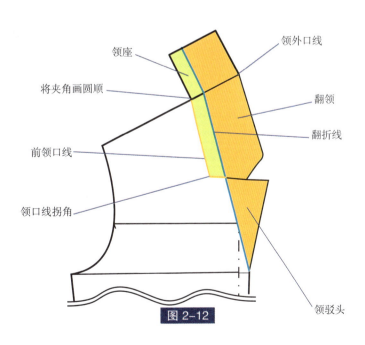

领座　　　领外口线

将夹角画圆顺　　　翻领

翻折线

前领口线

领口线拐角

领驳头

图 2-12

画出前片挂面的形状（图2-13），然后用透明拷贝纸将挂面（图2-14）和领子（图2-15）复制下来。

在净样板的四边加1cm的缝份，并标记对位刀口。

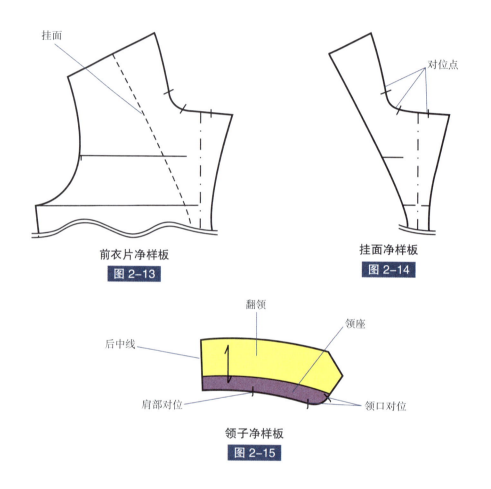

前衣片净样板

图 2-13

挂面净样板

图 2-14

领子净样板

图 2-15

领面和领座

为了增加领子的牢度，并且使领子看上去更挺括，需要在领面上加黏合衬。对于某些特殊的面料，还可以采用斜裁的方法（图2-16）。

注意：

为了避免缝合领子时，因缝份太厚而影响美观，故在裁剪黏合衬时，要比领面稍小一些，至缝线的位置即可。

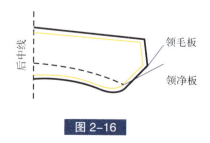

图 2-16

西装领和领驳头的推档（图2-17~图2-19）

在推档时，用厘米（cm）作为计算单位。

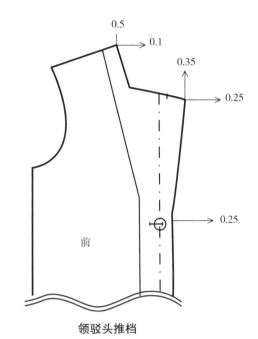

领驳头推档

图 2-17

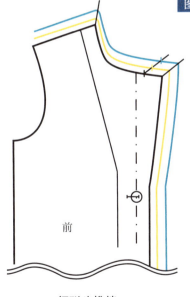

领驳头推档

图 2-18

黑线：基础样板，40码
黄线：42码
蓝线：44码

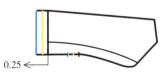

领子推档

图 2-19

青果领

青果领样板的制作（图2-20），请参考《法国时装纸样设计　平面制板基础编》一书。

① —在肩线的延长线上，定出领座的高度（如2.5cm）。

② —画领子的翻折线，然后以它为中线，对称画出领子。

③ —在领子翻折线的延长线上，量出的后领口弧长/2（如8.2cm）。

④、⑤ —以领子的翻折线和肩线的交点为圆心画扇形，向左量出3cm。这个尺寸非常重要，因为它决定了领子的形状。如果偏量较大，领面更贴近肩部；如果偏量较小（如1.5cm或2cm），领面就会立起，更贴近颈部。

⑥ —画一条直线，与步骤⑤所画直线平行，这样领座就完成了。

⑦ —画领座线的垂直线，长度等于后领宽（如6cm）。将领子画完整，有夹角的部位需要画圆顺，同时也要注意领子的大小比例。

34

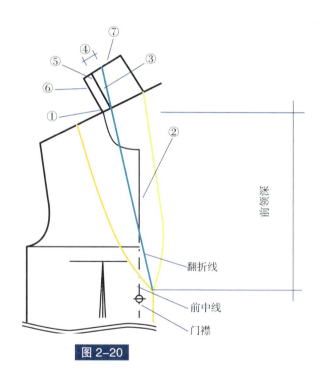

前领深

翻折线

前中线

门襟

图 2-20

袖子

袖子与衣身的吻合

袖子样板会根据衣身袖窿弧线位置的变化而变化，也就是说，在推档时，必须先画出完整的袖片，然后调整袖子前端的形状。

图2-21所示，为不同的袖窿线变化，线条的每种颜色都一一对应同色表示的袖子变化（图2-22）。

例如，图2-21中的红线所示，袖窿深加深，袖窿弧线位置下降；袖山头也相应降低，并变宽（图2-22）。

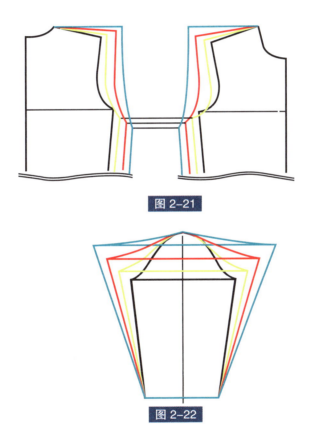

图 2-21

图 2-22

> **注意：**
>
> 这是袖型变化结构图，在做宽松型袖子时，应把胸围也加大。

二、上衣

袖窿深与袖窿弧线长度

先测量袖窿深与袖窿弧线长，再画袖子的基础样板，以确保袖山头的形状正确。

袖窿深和袖窿弧线长的测量步骤：

① 将前衣片和后衣片基础样板如图2-23放置。

② 连接 *A* 点和 *B* 点。

③ 延长侧缝线至 *AB* 线。

④ 线段 *XY* 即袖窿深。

⑤ 用软尺从肩点沿着袖窿弧线，量至侧缝，然后将前、后衣片测量所得的长度相加，即为整个袖窿弧线的长度。建议将前袖窿长和后袖窿长分开测量、记录。

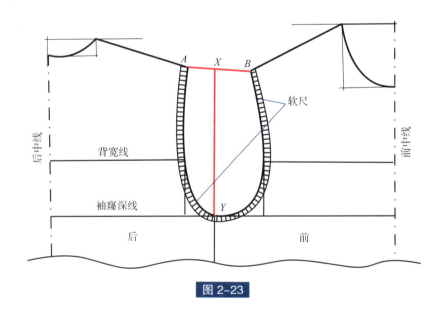

图2-23

袖子基础样板

测量出袖窿弧线长度和袖窿深后，制作袖子的样板。

袖子基础的制板案例（图2-24）：

——袖长=58cm。

——袖窿深=19cm。

——前袖窿弧线长=21cm。

——后袖窿弧线长=21.4cm。

制板步骤：

① 袖长=AB=58cm。

② AC=袖窿深-袖窿深/5=19cm-（19cm÷5）=15.2cm。

③ CE=3/4前袖窿弧线长=（21cm×3）÷4=15.75cm。

④ CD=3/4后袖窿弧线长=（21.4cm×3）÷4=16.05cm。

⑤ 连接AD点和AE点。

⑥ AF=FC=AC/2，从F点起，画AF线的45°角斜线GF和FI。

⑦ GH=GD/2，IJ=IE/2，HK=HD/2，JL=JE/2，借助曲线板，画出袖山头。

⑧ 袖肘线的高度=AW=35.5cm，肘部的省量不超过3cm，省长不超过10cm。

⑨ 连接DV，并画出袖肘省的省量。

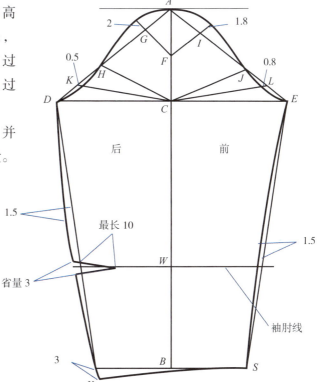

图2-24

二、上衣

袖子原型的推档

推档的尺寸是以厘米（cm）计算的。

如图2-25所示，黑线表示40码的袖子（基础样板），红线表示42码，蓝线表示44码。

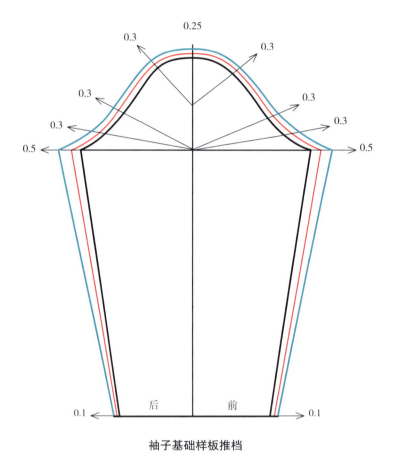

袖子基础样板推档

图 2-25

西装袖

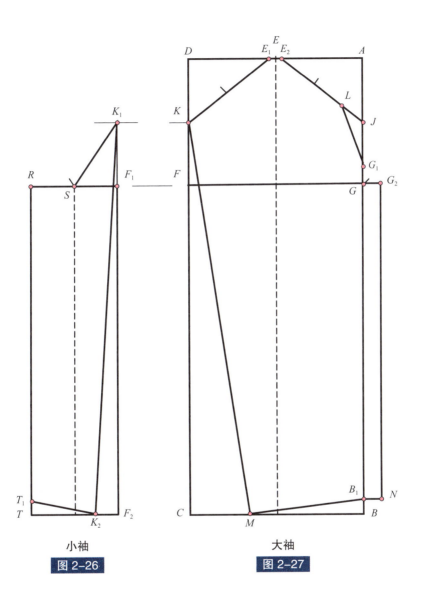

小袖

图 2-26

大袖

图 2-27

经典西装袖的制板步骤

制板前，需要先测量袖窿弧线长度和袖窿深。

案例如下：

- 袖窿弧线长=49.2cm。

- 袖窿深=21cm。

- 袖山高=袖窿深−袖窿深/5=21cm−（21cm÷5）=16.8cm。

- 袖肥=臂围+松量=38cm。

- 袖长=60cm。

制图步骤：

大袖（图2-27）

① 画垂直线AB=袖子长度。

② 画水平线AD=袖肥/2=19cm。然后画长方形$ABCD$。

③ 找到袖中线E点，$AE=AD/2$。

④ 标明2cm袖山头平面：EE_1=1cm，EE_2=1cm。

⑤ 确定袖山高度$AG=DF$=16.8cm，画水平线FG，标出AG的中点J点和DF的中点K点。

⑥ 连接K点和E_1点，然后连接J点和E_2点。标记L点，$JL=JE_2/3$。

⑦ 定G_1点和G_2点，即GG_1=3cm，GG_2=3cm。在夹角G点的角平分线上，量出1.5cm。

⑧ 袖口底边BB_1=2.5cm。在BC线上标记M点，B_1M=2/3袖肥+1cm=$[（2×38cm）÷3]$+1cm≈26.3cm。

⑨ 定N点，$B_1N=GG_2$，将所有的点连接起来。

小袖（图2-26）

① 画水平线KK_1，然后画垂直线K_1F_2直至CB线的位置。

② 在袖山高线FG的延长线上，画RF_1=袖肥−FG_2=38cm−（19cm+3cm）=16cm。

③ 画长方形F_1F_2TR。

④ 在RF_1的中点标记S点。然后画垂直线直至F_2T。

⑤ 连接K_1点和S点。在夹角K_1SR的角平分线上，量出2cm。

⑥ 袖口边T_1T=2.5cm。然后在TF_2上标记K_2点，T_1K_2=袖肥/3−1cm=（38cm÷3）−1cm≈11.6cm。

如图2-26、图2-27所示，将所有的点连接起来。

法国时装纸样设计　平面制板应用编

借助曲线板，画出西装袖（黄线所示），具体细节如图2-28、图2-29所示。

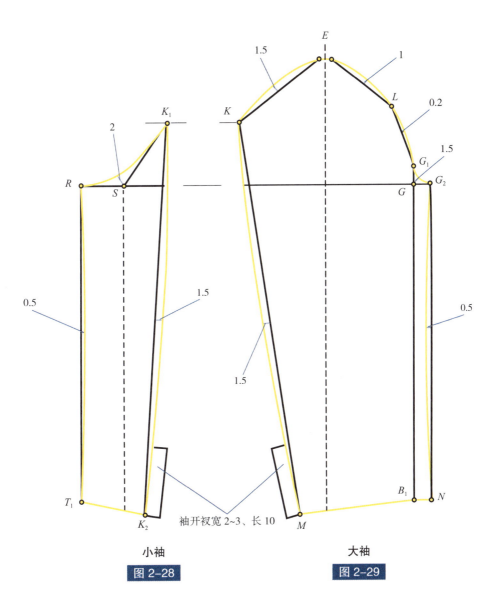

小袖

图 2-28

大袖

图 2-29

袖开衩宽 2~3、长 10

二、上衣

分割线相交的西装袖的制板步骤

这款袖子的分割线在袖窿弧线的位置与衣身相交。

要确保袖子缝线和衣身袖窿的"交点位置正确"（图2-30、图2-31，黄色圆圈所示），所采用的制板技巧，与前面介绍的西装袖制板有明显的不同（请参考第39页）。

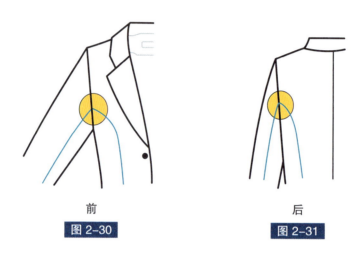

前　图 2-30　　　　后　图 2-31

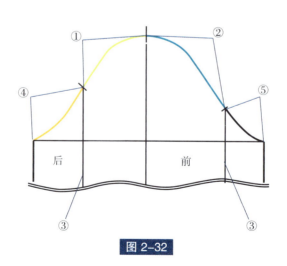

图 2-32

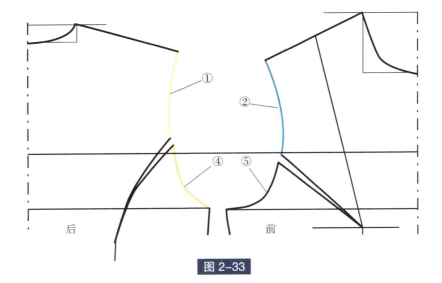

图 2-33

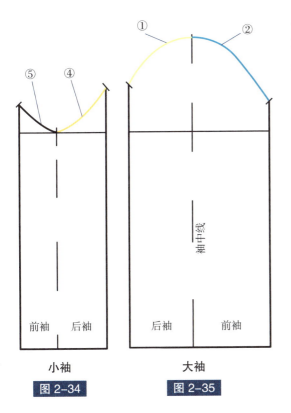

小袖
图 2-34

大袖
图 2-35

根据袖窿弧线长和袖窿深，加上一定的吃势，画袖子的样板（图2-32）——如果是西装袖，袖吃势为2~4cm，这样才能保证袖子的垂势漂亮（更多的细节，请参考本书第37页"袖子基础样板"以及《法国时装纸样设计 平面制板基础编》一书"吃势"的内容）。

然后如图2-32、图2-33所示，在袖山上和袖窿弧线上分别标记后袖窿长（①+④）和前袖窿长（②+⑤）（图2-33，①后片用绿线表示，②前片用蓝线表示），并在样板上标记对位刀口。

从对位刀口开始，画袖山到袖口的垂直线（图2-32，③），然后剪裁。

将小袖片（图2-34）和大袖片（图2-35）如图2-32所示合在一起——后袖片④用黄线表示，前袖片⑤用黑线表示。

注意：
保证袖吃势的尺寸。

小袖片

GH=2.5cm。

在水平线上标记K点，GK=袖肥/3+1cm。例如，24cm÷3+1cm=9cm。

大袖片

CD=2.5cm。

在水平线上标记F点，CF=2/3袖肥−1cm。例如，24cm÷3×2−1cm=15cm。

用曲线板画袖子的轮廓（大袖片和小袖片），具体细节如图2-36、图2-37所示。

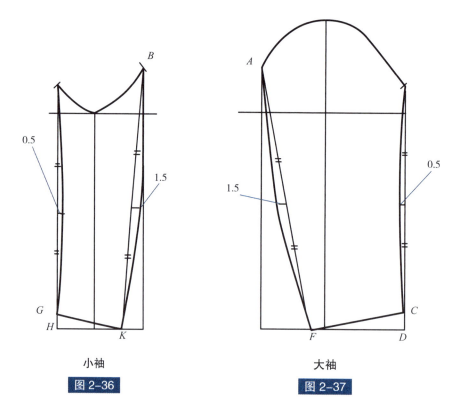

小袖

图 2-36

大袖

图 2-37

西装袖的推档

西装袖的推档如图2-38所示。

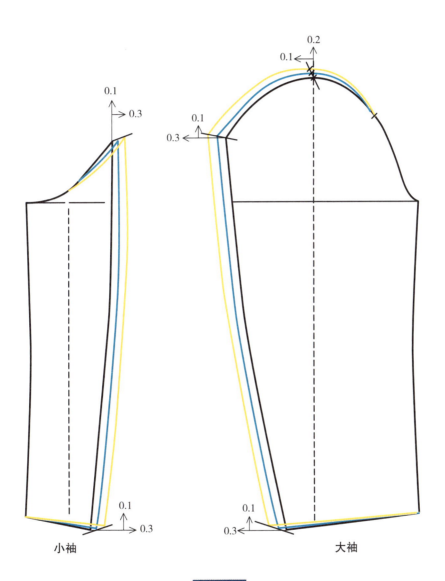

图 2-38

西装袖的推档以厘米（cm）为计算单位
黑线表示 40 码（基础样板）
蓝线表示 42 码
黄线表示 44 码

三、上衣的款式

  上衣可以分为正装款和运动款，我们要时时考虑服装的诸多细节，比如有没有衬里、服装的厚薄以及采用面料的厚薄。

  这里，所有主要结构的尺寸仅供参考，具体尺寸根据客户的需求和服装的款式而定。

  掌握了本书所介绍的制板方法后，我们可以按个人所需定做，或者轻松地制作同类型的其他款式。

  上衣的样板同样适用于大衣，只要根据服装的款式，遵循适当的结构比例即可。

V型领、公主线分割、收腰上衣

上衣基础样板

V型领、公主线分割、收腰上衣如图3-1、图3-2所示。

根据尺寸，画上衣的基础样板，加上必要的松量，然后按照图3-3所示的步骤变化样板。

① —加上前门襟，宽度为3~5cm（这个宽度取决于纽扣的大小和面料的质地），然后确定前领口深度。

② —加宽领口1~2cm，并根据垫肩的厚度提高肩线。

③ —将后衣片的肩省量转移至袖窿分割线中（省量=1cm），然后用弧线连接后衣片袖窿省和腰省，并且垂直延长省道至底边（图3-4）。

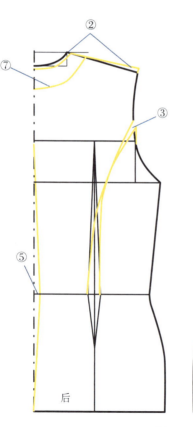

图 3-1

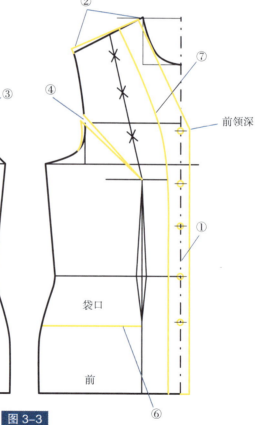

图 3-2

前领深

袋口

后

前

图 3-3

法国时装纸样设计　平面制板应用编

④ 一将肩省量转移至前衣片袖窿分割线中。

⑤ 一加一个右中省，省量为1~1.5cm。

⑥ 一在公主线和侧缝之间，标出口袋的位置（腰围线下
10~12cm）。

⑦ 一画前衣片挂面和后领口贴边（宽度5~7cm）。

用透明拷贝纸，将样板的各个部分分别复制下来。

将胸部轮廓线画圆顺，在胸高点位置、前侧片和前中片有2cm的
重合。

位于公主线和侧缝之间的口袋，如果没有衬里，需要加袋口贴边，
即前侧片加长3~5cm，挂面则不需要因此而加长，以免缝份太厚（图
3-5，黄色部分）。

为了便于修改和缝合，在样板上标记对位刀口。四边加上1cm的缝
份，底边留出5cm的折边量。

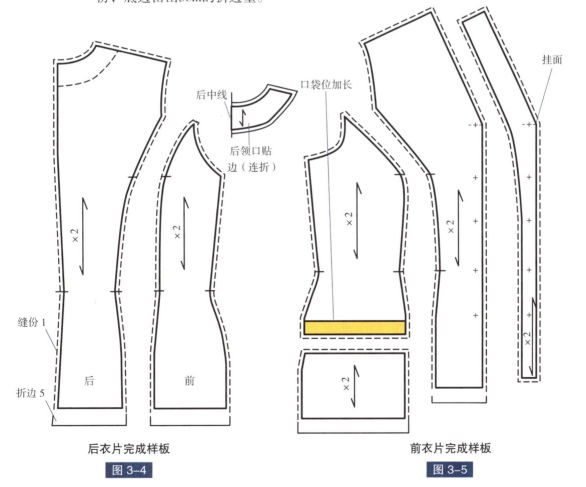

后衣片完成样板

图 3-4

前衣片完成样板

图 3-5

衬里样板

在上衣样板基础上进行修改，制作衬里的样板（图3-6，黄线所示）。

① 一去掉垫肩量。

② 一去掉挂面和后领口贴边（用面料剪裁的部分）。

③ 一后中加宽2~3cm。

④ 一减短衬里的衣长，缩减量为折边量的1/2（如折边量为5cm，则缩减量=2.5cm）。

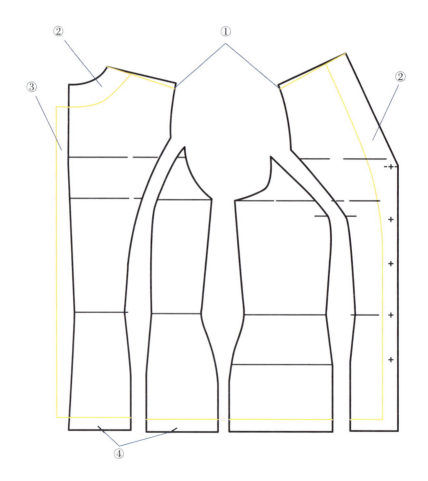

图3-6

法国时装纸样设计　平面制板应用编

① —进行修正的部位需要加上 1cm 的缝份，包括：领口、肩线、挂面和衬里底边。其余部位的缝份量已经包含在样板里了。

② —后衣片对折后裁剪。

为了便于修正和缝合，需要在样板上标记对位刀口（图3-7）。

袖子样板

上衣袖子的制板方法，请参考本书第39页"西装袖"的内容。

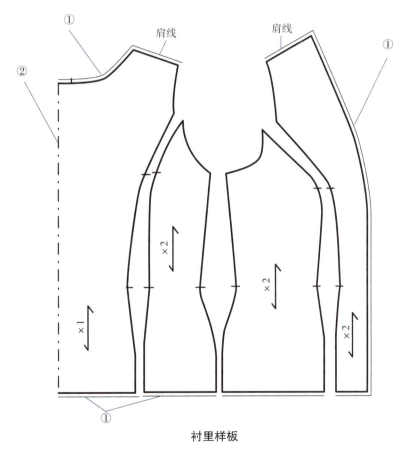

衬里样板

图 3-7

戗驳领、公主线分割、收腰上衣

款式2

上衣和领子样板

戗驳领、公主线分割、收腰上衣如图3-8、图3-9
所示。

图 3-9

根据所定尺寸，准备上衣样板，加上必要的松量。然后按
照图3-10所示的步骤变化基础样板。

① 一前中加上门襟，宽度为3~5cm，然后确定前领深度。

② 一延长肩线，画出所需的西装领领型（具体制板方
法，请参考本书第27~33页"西装领"的内容）。

③ 一根据垫肩的厚度提高肩线。

④ 一将后衣片的肩省量转移至袖隆分割线中，省量为1.5cm，
然后，用弧线连接后衣片袖隆省和腰省，并且垂直延长省道至底边。

⑤ 一加上后中省，省量为1~2cm。

⑥ 一转移前衣片的肩省。

图 3-8

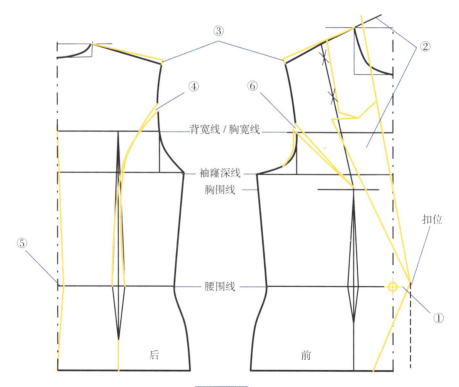

图 3-10

后中线

×1

后领口贴边（连折）

后中连折

×1

翻领

×2

×2

×2

×2

×2

后中

后侧

前侧

挂面

后衣片完成样板

图 3-11

前衣片完成样板

图 3-12

用透明拷贝纸，将样板的各个部分分别复制下来。

画出前衣片挂面和后领口贴边（图3-11、图3-12，黄线所示），然后用透明拷贝纸复制。

在四边加上1cm的缝份，上衣折边量为5cm。

为了方便修改和缝合，在完成的样板上标记对位刀口。

三、上衣的款式

衬里样板

在上衣样板基础上进行修改，制作衬里样板（图3-13，黄线所示）。

① —去掉垫肩量。

② —去掉后领口贴边和挂面（贴边和挂面用面料剪裁）。

③ —后中加宽2~3cm，这个量（褶裥）折叠后，与后领口贴边缝合。

④ —减短衬里的衣长，缩减量为折边量的1/2。这样在缝合之后，衬里不会长于面布。

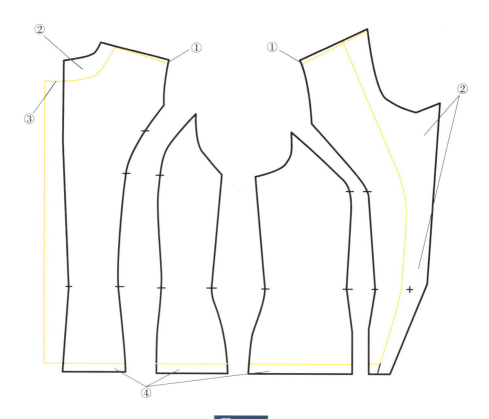

图 3-13

法国时装纸样设计　平面制板应用编

进行修正的部位需要加上 1cm 的缝份，包括：后领口、肩线、挂面和衬里底边，其余部位的缝份量已经包含在上衣样板里了。

衬里的后衣片对折后裁剪。

为了便于修正和缝合，在衬里样板上标记对位刀口（图3-14）。

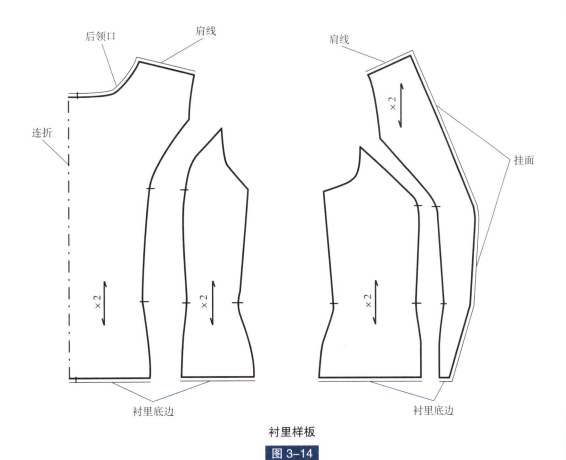

衬里样板

图 3-14

袖子样板

该款上衣袖子的制板方法，请参考本书第39~45页"西装袖"的内容。

青果领、小侧片、收腰上衣

款式3

上衣和领子样板

青果领、小侧片、收腰上衣如图3-15、图3-16所示。

根据尺寸，准备上衣基础样板，并加上必要的松量。然后按照图3-17所示的步骤变化基础样板。

首先，将前、后衣片放在一起。注意前、后衣片的水平结构线要在同一直线上，同时前、后袖窿底部要对齐。

图 3-16

图 3-15

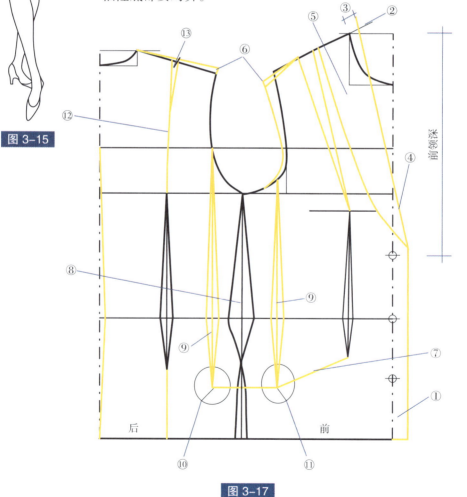

图 3-17

前、后衣片的样板（在臀围线的位置）会有部分重叠。

① —前中加上门襟，宽度为3~5cm，然后确定前领深。

② —延长肩线。

③ —确定领座的高度（如2.5cm）。

④ —画青果领的翻折线（具体的制板步骤，请参考本书第34页"青果领"的内容）。

⑤ —画出所要的领子造型。

⑥ —如果上衣有垫肩，需要根据垫肩的厚度提高肩线（如1cm）。在合上肩省之后可以得到新的肩线。

⑦ —从前腰省底端，画袋口斜线至腹围线位置（此外下降10~12cm），并水平延长至后侧片。

⑧ —画侧缝省的垂直中线。

⑨ —定出左、右小侧片省的中线位置，一般两个侧片省之间的距离不超过臀围/8。而每个侧片省的省量=侧缝省/2。

⑩、⑪ —将前、后衣片重叠部分的量（在臀高位置），转移至小侧片的侧缝。

⑫ —画后衣片的分割线，然后经过腰省的中线连接至肩线。

⑬ —在分割线上加肩省（如1cm）。

用透明拷贝纸，将上衣样板各个部分分别复制下来。

在前中样板上加袋口贴边（如3~5cm，图3-18）。

在分割线上加口袋，具体制板方法请参考《法国时装纸样设计　平面制板基础编》一书。

标记便于修改和缝合的对位刀口（图3-18）。四边加上1cm的缝份，底边留出5cm的折边量。

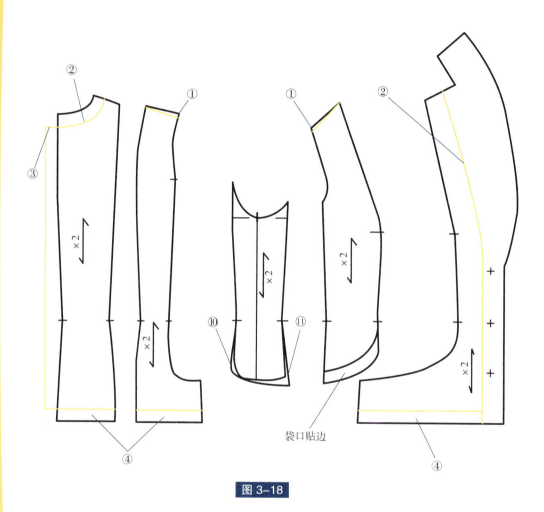

袋口贴边

图 3-18

衬里样板

在上衣样板的基础上进行修改，得到衬里样板（图3-18，黄线所示）。

① —去掉垫肩量。

② —去掉后领口贴边和挂面，因为这些部件使用面料裁剪。

③ —加宽后中2~3cm，这个量（褶裥）折叠后与后领口贴边缝合在一起。

④ —减短衬里长度，缩减量为折边量的1/2，这样在缝合之后，衬里不会长于面布（具体制作方法，请参考《法国时装纸样设计 平面制板基础编》一书）。

修正后的部位，需要加上1cm的缝份，包括：后领口、挂面和衬里底边。其他部位的缝份量已经包含在上衣样板里了。

在衬里样板上，标记便于修正和缝合的对位刀口（图3-19）。

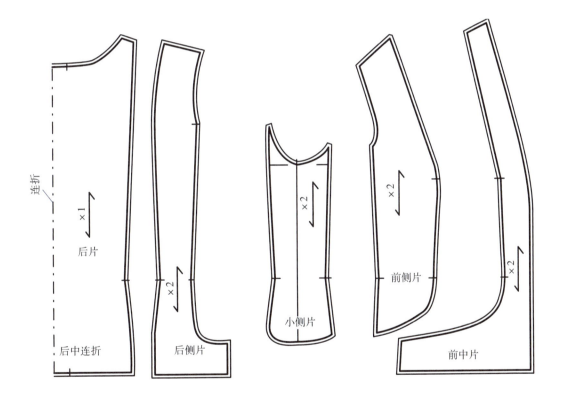

衬里样板

图 3-19

袖子样板

上衣袖子样板的制板方法，请参考本书第39~45页"西装袖"的内容。

西装领、经典西装袖、收腰上衣

上衣和西装领样板

西装领、经典西装袖、收腰上衣如图3-20、图3-21所示。

根据所定尺寸，准备上衣的基础样板，并加上必要的松量，然后按照图3-22所示步骤进行变化。

① 一画前门襟，宽度为3~5cm，这个尺寸取决于纽扣的大小和面料的质地。

② 一延长肩线。

③ 一量出领座高2.5cm。然后画西装领的领型（具体制板方法，请参考本书第27~33页"西装领"的内容）。

④ 一确定西装领前领深，然后画领子的翻折线。

图 3-21

60

图 3-20

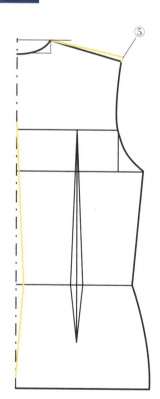

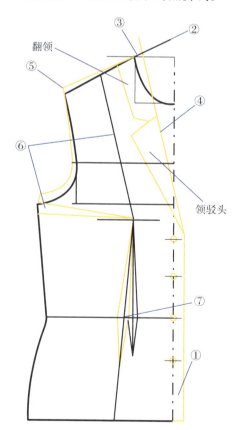

翻领

领驳头

图 3-22

⑤ —如果上衣有垫肩，要根据垫肩的厚度适当提高前、后衣片的肩线（如提高1.5cm）。

⑥ —先定出侧缝胸省的位置，然后剪开。在合并肩省之后，侧缝胸省处的剪口会自然打开，形成省道（请参考《法国时装纸样设计　平面制板基础编》一书）。

⑦ —前腰省，首先要定出分割线的位置，然后转移相等的省量。

加上后中省，省量为1~2cm。

用透明拷贝纸，将样板各个部分分别复制下来。

画前、后领的领口贴边，在肩线上的宽度为8~12cm（图3-23，黄线所示），然后用透明拷贝纸复制下来。

四边加上1cm的缝份，如果上衣有衬里，底边需留出5cm的折边量。

为了便于修正和缝合，在样板上标记对位刀口（图3-23）。

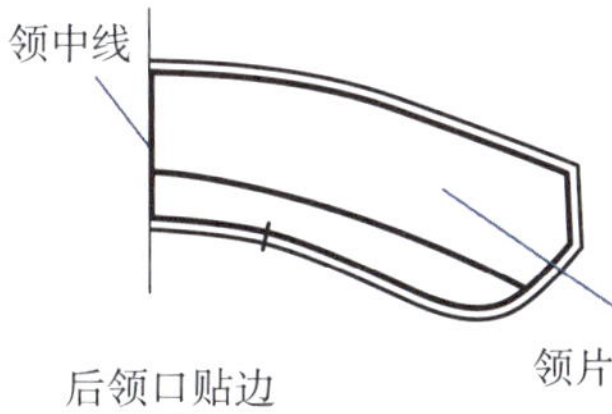

领中线

后领口贴边

领片，对折裁剪

领中线

后领口贴边，对折裁剪

挂面 ×2

×2

×2

×2

后片

前侧

前片

缝份1　折边5

图 3-23

衬里样板

在完成的上衣样板基础上进行修改，得到衬里样板（图3–24，黄线所示）。

① —去掉垫肩量。

② —去掉后领口贴边和挂面，因为这些是用面料裁剪的。

③ —后中加出2~3cm，这个量（褶裥）折叠后与后领口贴边缝合在一起。

④ —减短衬里的衣长，缩减量为折边量的1/2，这样在缝合之后，衬里不会长于面布（图3–24）。

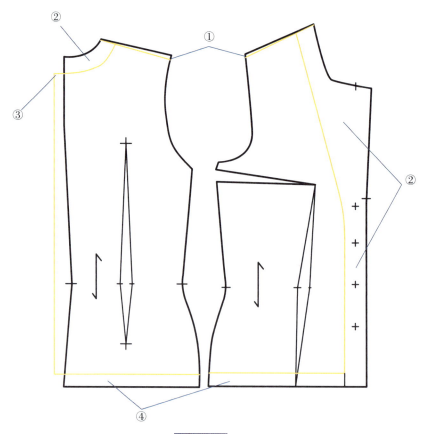

图 3-24

① 经过修正的部位，需要加上 1cm 的缝份，包括：后领口、挂面和衬里底边，其他部位的缝份量已经包含在上衣样板中了。

② 对折后衣片，然后裁剪。

为了便于修正和缝合，在衬里样板上标记对位刀口（图3-25）。

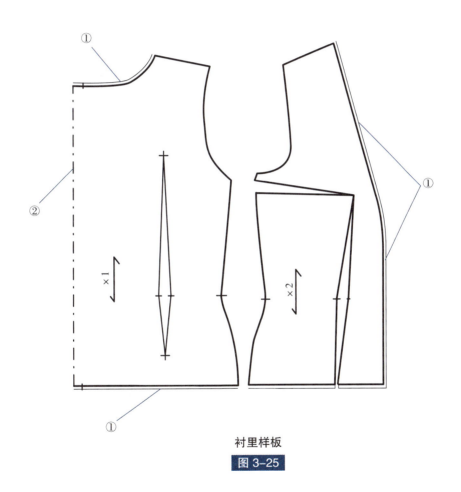

衬里样板

图 3-25

袖子样板

该款上衣袖子的制板方法，请参考本书第39~45页"西装袖"的内容。

V 型青果领、胸前交叉、收腰上衣

款式5

图 3-27

上衣样板

V型青果领、胸前交叉、收腰上衣如图3-26、图3-27所示。

根据所定尺寸，准备上衣的基础样板，并加上必要的松量，然后按照图3-28步骤进行变化。

由于前衣片采用的是不对称门襟，纽扣位置在衣服的一侧，所以需要画出整个前衣片。

①、② 一根据前领深（如20cm）画出不对称领线。

③ 一确定门襟宽度，约为15cm，纽扣在上衣的左侧，位于腰围线附近，距离左侧缝约5cm。

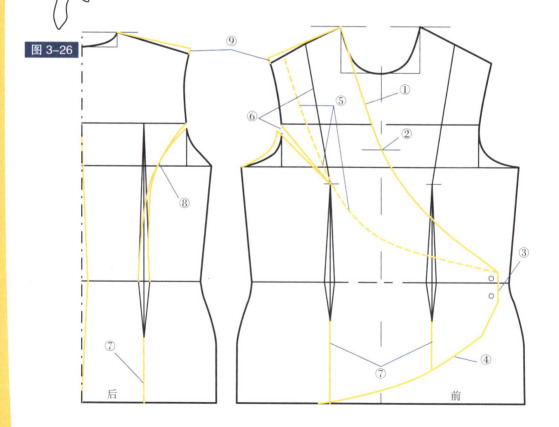

图 3-26

图 3-28

法国时装纸样设计 平面制板应用编

④——画上衣的底边弧线，直至右前片腰省的中线延长线。

⑤——为了方便下一步制板，先画出所需要的领型。

⑥——将肩省转移至袖窿分割线处。

⑦——延长前、后衣片的腰省，直至上衣底边。

⑧——在后衣片袖窿别割线上加一个省道（如省量1~1.5cm），然后用弧线连接该省与后腰省。

⑨——如果有垫肩，根据垫肩的厚度，提高肩线（如1cm）。

用透明拷贝纸，将上衣样板的各个部分复制下来（图3-29、图3-30）。

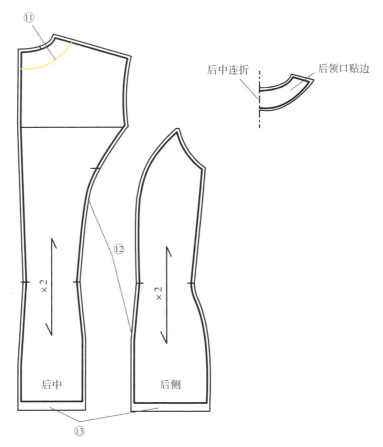

后衣片样板

图3-29

⑩ 一画出挂面（宽度为7~10cm），然后用透明拷贝纸复制（图3-30，黄线所示）。

⑪ 一画出后领的领口贴边（图3-29，黄线所示），然后用透明拷贝纸复制。

⑫ 一在净样板基础上，加1cm的缝份。

⑬ 一后衣片和右前侧片的底边加折边，宽度与挂面宽度相同。

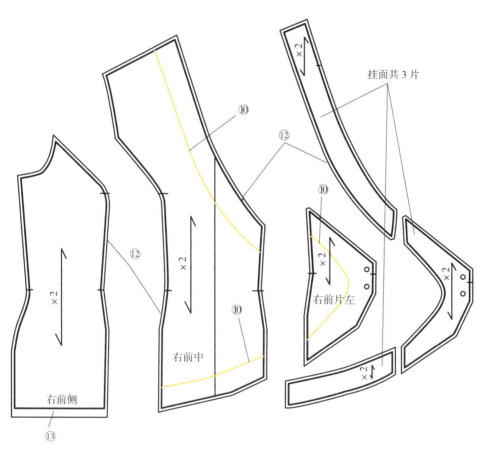

前衣片样板

图 3-30

领子样板

① 一画一条垂直线。

② 一用透明拷贝纸将领型复制下来。在距垂直线①5cm处画领子的上部分（图3-31），这个尺寸非常重要，它决定了领子的倾斜角度。

③ 一在水平线上量出后领长/2（如8.2cm）。

④ 一领座的宽度定为3cm。

⑤ 一后领中位置画垂直线，这样领子就完成了。

后领中线除外，其余各边加上1cm的缝份。在样板上标记肩点的对位刀口。

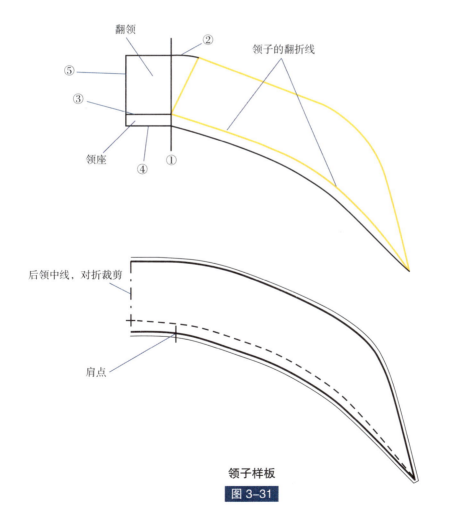

领子样板

图 3-31

三、上衣的款式

衬里样板

在完成的上衣样板基础上进行修改，可以得到衬里样板（图3-32，黄线所示）。

① —去掉垫肩量。

② —去掉后领口贴边和挂面，因为这些是用面料裁剪的。

③ —加宽后中2~3cm，这个量（褶裥）折叠后与后领口贴边缝合在一起。

④ —减短衬里的衣长，缩减量为折边量的1/2，这样在缝合之后，衬里不会长于面布。

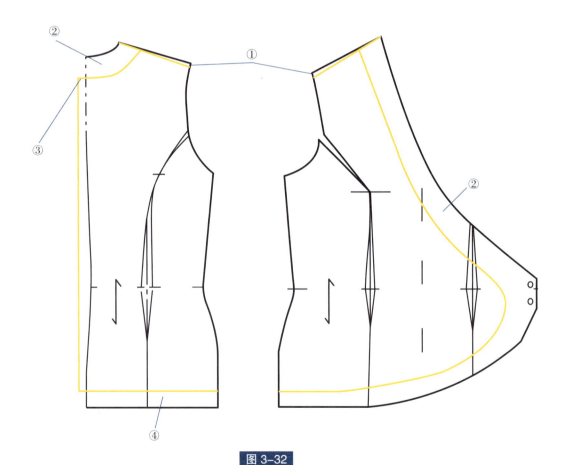

图3-32

法国时装纸样设计　平面制板应用编

在完成的衬里样板上加1cm的缝份。

为了方便修正和缝合，在样板上标记对位刀口（图3-33）。

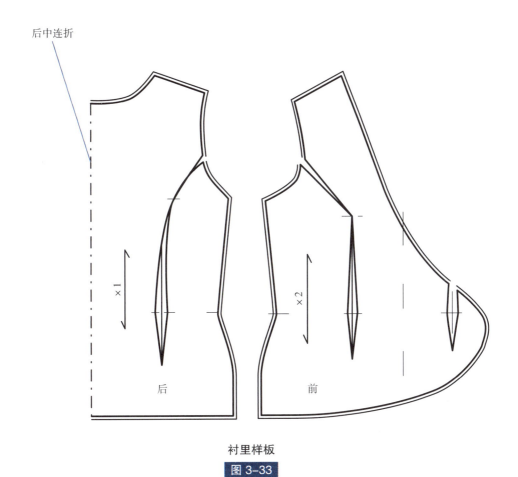

后中连折

×1

×2

后

前

衬里样板

图 3-33

袖子样板

上衣袖子样板的制板方法，请参考本书第39~45页"西装袖"的内容。

经典翻领、收腰牛仔上衣

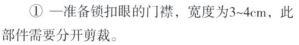

图 3-35

上衣样板

经典翻领、收腰牛仔上衣如图3-34、图3-35所示。

根据所定尺寸，画上衣的基础样板，并加上必要的松量，然后按照图3-36步骤进行变化。

① —准备锁扣眼的门襟，宽度为3~4cm，此部件需要分开剪裁。

② —加宽前领口和后领口（如1.5cm）。

③ —在前衣片样板上，将胸宽线等分。

④ —将等分后的两段直线画为弧形线。

⑤ —如果肩省不是位于胸宽线中间，需要调整一下省道的位置（省道的修正方法，请参考本书第13页的内容）。

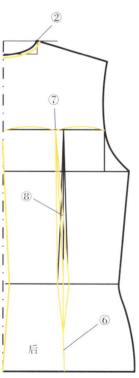
后

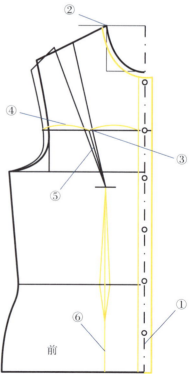
前

图 3-36

70

⑥ —延长省道中线，直至上衣的底边。

⑦ —将背宽线等分，然后画成弧线。

⑧ —稍稍改变后腰省省尖的方向，连至背宽线的中点。

用透明拷贝纸将每个部分的样板分别复制下来（图3-37）。胸部弧线要画圆顺，在胸高点位置，前侧片和前中片有2cm的重合。

在净样四边加1cm的缝份，上衣底边留出2cm的折边量。

为了便于修正和缝合，在样板上标记多个对位刀口。

袖子和领子样板

袖子的制板方法，请参考本书第39~45页"西装袖"的内容。

领子的制板方法，请参考《法国时装纸样设计　平面制板基础编》一书。

这款牛仔上衣没有衬里，所以在前中位置加上一门襟，作为锁扣眼之用。

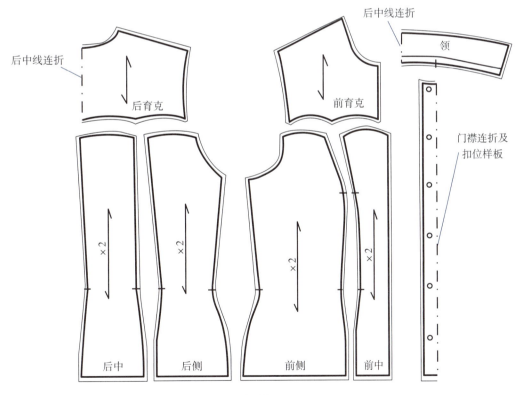

上衣样板

图 3-37

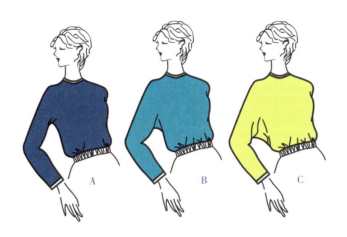

四、和服袖

　　和服是日本的传统服装。这是一种前襟交叉，腰部束带，袖子既长且宽，与衣身连为一体的长袍。

　　随着时代的变化，和服袖也演变出了不同的造型，并且有了不同的名称，以满足顾客对时尚的需求。

原型

为了制作和服袖样板，首先要按照尺寸，画出上衣的基础样板。然后调整侧缝线，加大腰围。注意，前、后衣片所加的量是相同的（图4-1）。

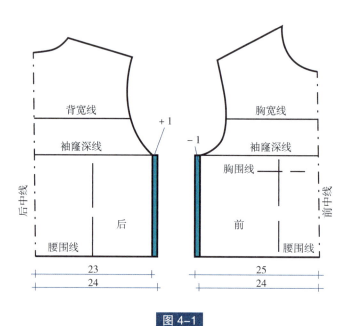

图4-1

基础样板的后衣片腰围长=23cm。

基础样板的前衣片腰围长=25cm。

25cm-23cm=2cm，2cm÷2=1cm。

也就是说，为了保持腰围总长不变，后腰围长增加1cm，前腰围长就要减少1cm。

修正了前、后衣片的样板之后如（图4-2），从领口宽点开始，画一条水平线，长度等于小肩长加袖长。然后，在袖口位置画它的垂直线，并量出袖口宽/2（如10~12cm）。

最后，画和服袖的底缝线，它的弧度决定了袖子的造型。如图4-2所示，蓝色线条对应的是图4-3所示的袖子造型；红色线条对应的是图4-4所示的袖子造型。蓝色的上衣款，袖窿线适当地下降；而红色的上衣款，袖子的底缝线直接连至腰围线，袖子会变得非常宽大，手臂下方有很大的活动空间。

法国时装纸样设计 平面制板应用编

和服袖的制板方法非常简单，缝合也非常容易。如果取消肩线拼缝的话，那么袖子样板就是左右对称的一整片（图4-5）。通常，这样的上衣被称为蝙蝠衫。

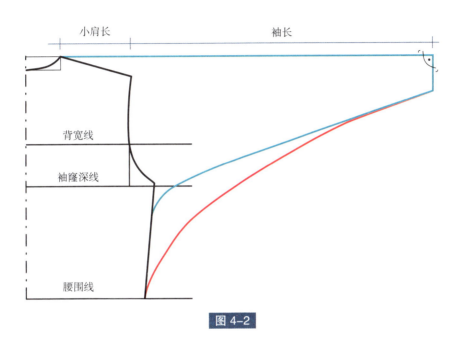

图4-2

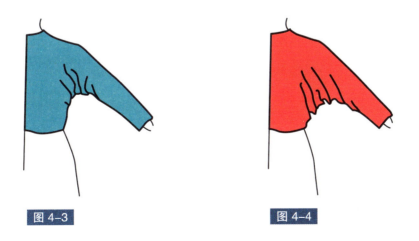

图4-3　　　　　　　图4-4

四、和服袖

蝙蝠袖

蝙蝠袖是比较特殊的一种和服袖，因为它的肩线和袖中缝线完全是水平的（袖子的倾斜角度，请参考本书第78页内容）。

在完成上衣的基础样板之后，调整侧缝线（请参考本书第74页内容），将前衣片样板和后片样板重叠，如图4-5所示。

从领宽点开始，画一条水平线，并定出小肩长和袖长。

然后，确定袖口宽度，并画出袖子的底缝弧线，这条弧线可以连接至侧缝线上的任意一点（请参考本书第75页内容）。

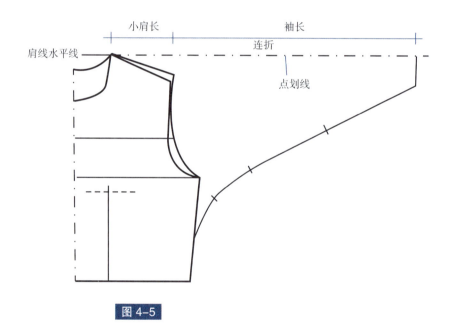

图 4-5

为了画前、后领口弧线，如图4-6所示拼合样板。

在净样板的基础上，加上1cm的缝份。

为了便于修正和缝合，在样板上标记对位刀口。

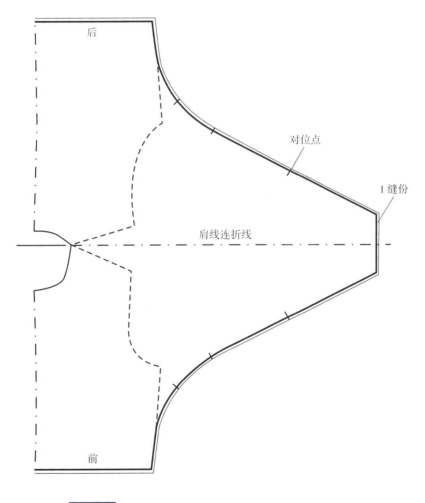

图 4-6

四、和服袖

和服袖的倾斜角度

和服袖裁剪方式的选择，取决于穿着对象的体型和面料的质地。

款式A（图4-7）不能使用厚料制作，因为即使袖窿深线不下降，袖肥的尺寸也是非常大的。如果采用厚重面料，腋下的褶皱堆积在一起，会影响穿着舒适度。因此，如使用厚料制作，需加大袖子的倾斜角度，减小袖肥尺寸（参考款式B）。

款式C的袖子倾斜度，是由肩斜角度决定的，因为它是肩线的延长线。

而款式D的情况，即使腋下没有太多褶皱，并且袖肥被减到最小，手臂的活动仍然会受到限制。为了能保持这样的袖型，有一个解决方法，就是在袖底加一个三角形或菱形的插片。这样能给手臂一定的活动空间（图4-8）。

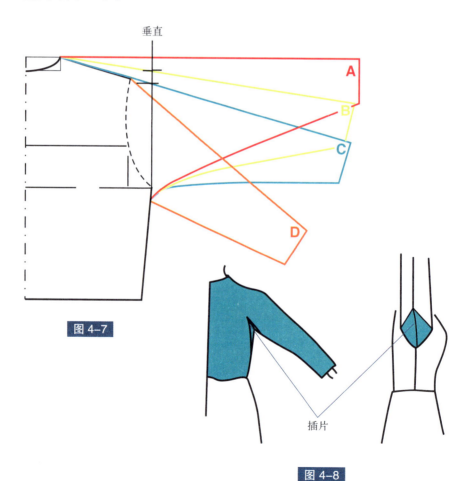

图 4-7

插片

图 4-8

和服袖的袖底插片

后衣片袖底插片

首先按照尺寸画出上衣原型。然后，调整上衣的侧缝线，加大腰围。注意，前、后衣片所加的量要相同。

① —从领口宽点开始，沿肩线画出连袖的上半部分。然后，在肩端点处画一条水平线，向下量约45°角，画袖子的中缝线。将肩点转折部位画圆顺（图4-9，蓝线所示）。

② —根据款式需要，加宽衣身（以1/4样板为例：连衣裙加2cm，紧身上衣加2~3cm，直身上衣加4cm，大衣加6cm）。

③ —画袖窿弧线（图4-9，绿线所示）。

④ —在袖窿弧线上标出插片的高度，一般低于背宽线（如果高于背宽线，袖底插片就会被看到）。

79

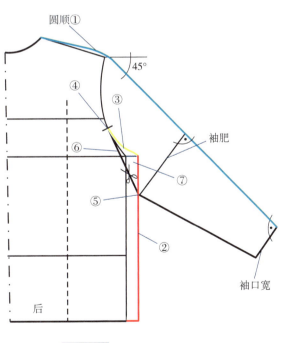

图 4-9

四、和服袖

⑤ 一确定侧缝线上插片剪开的位置。袖窿深线下降的尺寸，取决于袖肥的大小。袖肥线与袖中缝线呈直角。

⑥ 一从点⑤开始，画插片的剪口直至点④为止。然后，定出袖口宽，将袖子底缝线画完整（图4-9，黑线所示）。

⑦ 一袖片与衣片在腋下会形成一个重叠的夹角，用透明拷贝纸复制这个小三角形（图4-10）。

⑧ 一根据复制的三角形，画出对称的另一半（在用布剪裁时，中线必须保持直丝缕）。

⑨ 一为了获得足够的活动量，可以适当减小插片上边缘的弧度。

⑩ 一如果插片的宽度不够，在手臂上举时，会感觉活动受限。如果发生这种情况，可以加宽插片（图4-11），但袖窿上的剪口位置不会改变。与之相反，如果插片过宽，那么插片和缝线就会容易被看到。

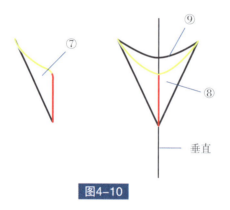

垂直

图4-10

注意：
　　一般插片的宽度不会大于袖肥 /3。

法国时装纸样设计　平面制板应用编

前衣片袖底插片

前袖片的倾斜角度与后袖片相同。要仔细检查，确保前、后衣片的插片大小一致。如果有所不同，请及时调整。

袖窿弧线的形状，衣身加宽的尺寸，袖肥的宽度和插片剪开的长度，都会影响插片的形状。

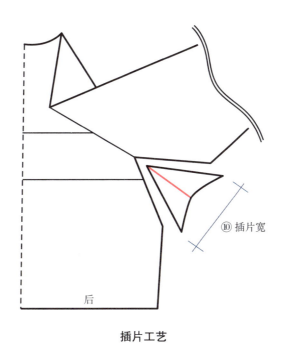

插片工艺

图 4-11

四、和服袖

五、和服袖的款式

  在衣身的基础样板基础上，加和服袖。

  因为和服袖的款式比一般服装宽大，所以，要严格按照款式图所要求的效果制板，以免完成后服装比例失调。

  很多和服袖的款式，在袖子下垂时腋下部位会出现问题。因此，为了有更好的视觉效果，对于不同款式的和服袖，所定的肩斜角度是不同的。

  以下将介绍 9 款具有代表性的和服袖款式，亦会详细讲解它们的制板方法。

圆领、有通省长和服袖上衣

圆领、有通省长和服袖上衣如图5-1所示。

根据尺寸画出上衣的基础样板，然后如图5-2（前衣片）和图5-3（后衣片）所示，修正基础样板。

调整侧缝线，加宽上衣的前、后衣片。

前衣片

① —前衣片袖窿深加深2~3cm，以获得足够的活动松量。

② —画新的侧缝线。从袖窿到上衣底边，增加量逐渐减少。

③ —袖子的倾斜角度为20°。画袖子的中缝线，并量出袖长。袖口线与袖中缝线要呈直角，然后确定袖口宽。

④ —如有必要，在侧缝上加一个斜向的胸省，从袖窿下方连至通省的位置（侧胸省的位置不可高过胸围线）。

⑤ —画通省。从肩线开始，经过胸高点，与前腰省连在一起。

图 5-1

84

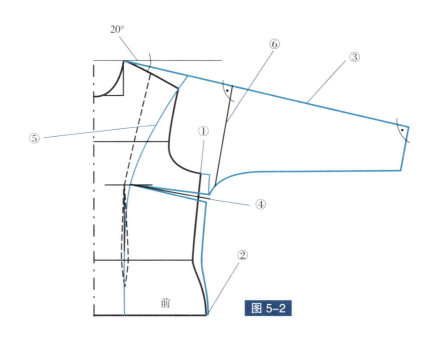

图 5-2

⑥ —画袖子中缝线的垂直线，量出袖肥/2（约25cm）。然后，从该点开始画袖子的底缝线，并连至侧缝。最后将夹角画圆顺。

后衣片

⑦ —与前衣片相同，加宽围度。

⑧ —画通天省。从肩线连至后腰省后衣片通省顶端与前衣片的通天省相交。

⑨ —后袖片的倾斜角度比前袖片少2°～3°（如前衣片的角度=25°，后衣片的角度=23°或22°）。然后，画袖中缝线和袖口线，并量出袖口宽。

⑩ —确定袖肥/2，然后画出袖子的底缝线，弧线和夹角的形状均与前衣片相同。

检查后衣片侧缝和袖子的长度，是否与前衣片一致。

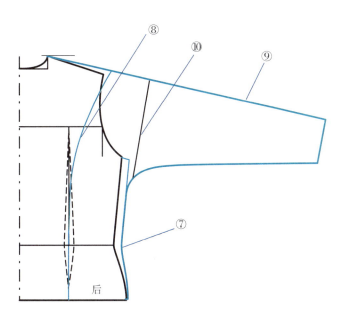

图 5-3

五、和服袖的款式

沿着省道和分割线，将前、后衣片样板的各个部分分别复制下来。

在净样板的基础上，加1cm的缝份。上衣的底边和袖口，需要留出2cm的缝份，用于折边。

为了便于修正和缝合，在样板上标记对位刀口。

后中上端要留出开衩，以方便穿着时头部通过（图5-4、图5-5）。

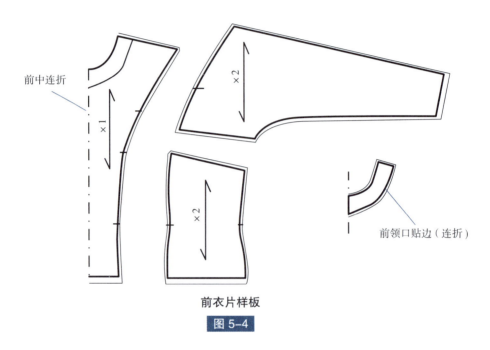

前衣片样板

图 5-4

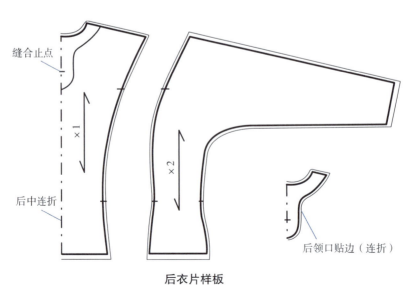

后衣片样板

法国时装纸样设计　平面制板应用编

V型领、肩部抽褶、长和服袖上衣

V型领、肩部抽褶、长和服袖上衣如图5-6所示。

按照所定尺寸，画出上衣的基础样板，然后根据图5-7（前衣片）和图5-8（后衣片）所示修正基础样板。

调整侧缝线，加宽上衣的前、后衣片（请参考本书第74页内容）。

前衣片

① —前衣片袖窿加宽2~3cm，给出足够的活动松量。

② —画新的侧缝线，从袖窿到上衣底边，加宽的量逐渐减少（0~0.5cm）。

③ —定出V领的深度。

④ —在肩线上加宽领口3~4cm，然后与③定出的前领深点用直线连接。

⑤ —倾斜角度为20°左右，画袖子中缝线。

⑥ —袖子中缝线的总长等于肩宽+袖长+2个褶裥的量（如每个褶裥2~3cm）。最后，在袖口位置画垂直线，量出袖口宽/2。

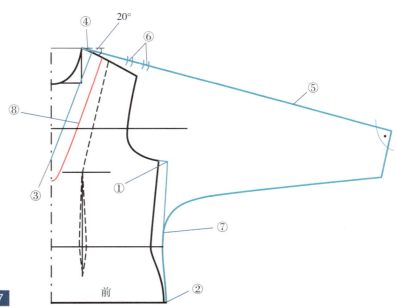

图5-6

图5-7

87

⑦ 一画袖子的底缝线，并将袖底缝线和侧缝的夹角画圆顺（该款袖底缝线定在腰围线上10cm处）。

⑧ 一画前领口贴边，最少7cm宽。在缝合时，要先准备一条牵条，因为领子和领口贴边都是斜裁，不加牵条容易变形。

后衣片

⑨ 一与前衣片相同，加宽围度。

⑩ 一后领宽加2~3cm，并沿肩线下降1~2cm。

⑪ 一画后袖片的中缝线、底缝线和袖口，形状要与前衣片相同。

⑫ 一画后领口贴边，宽度不少于7cm。

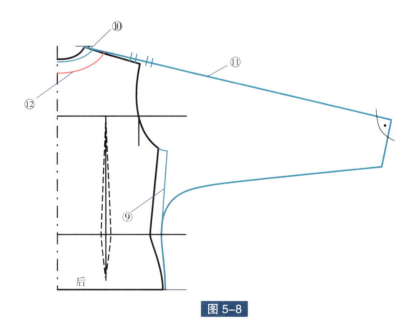

图 5-8

用透明拷贝纸复制前领口贴边和后领口贴边（图5-9、图5-10）。

在净样板的基础上，四边加1cm的缝份，上衣底边和袖口留2cm的折边量。

在样板上标记对位刀口。

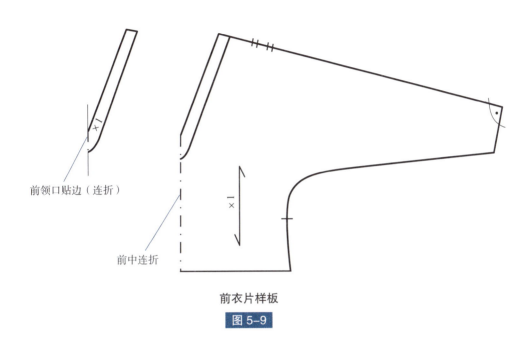

前领口贴边（连折）

前中连折

前衣片样板

图 5-9

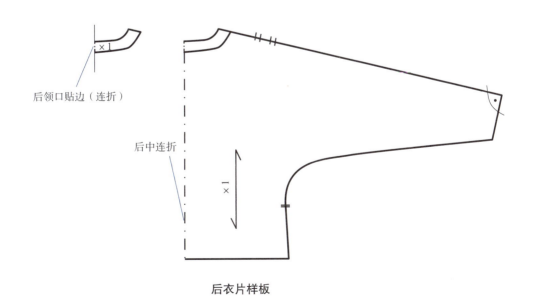

后领口贴边（连折）

后中连折

后衣片样板

图 5-10

五、和服袖的款式

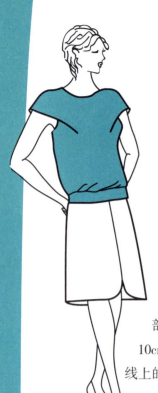

带袖窿省、短和服袖上衣

带袖窿省、短和服袖上衣如图5-11所示。

按照所定尺寸，画上衣的基础样板，然后根据图5-12（前衣片）和图5-13（后衣片）所示修正基础样板。

前衣片

① —加宽前领口3~5cm，使头部可以轻松通过。

② —在袖窿弧线上加侧胸省（请参考《法国时装纸样设计　平面制板基础编》一书）。

③ —从领口开始，沿着肩线，画袖子中缝线的上半部分。中缝线与水平线呈45°角，量出袖长（这里袖长定为10cm），并将肩端点部位画圆顺。然后画袖口直线，并与袖窿弧线上的胸省相连。

④ —为了得到更好的视觉效果，袖口画为弧线，弧进0.2cm。

⑤ —画前领口贴边和袖窿贴边，然后用透明拷贝纸分别复制下来（图5-12，红线所示）。合并胸省之后，重新画袖窿贴边（具体制板方法，请参考《法国时装纸样设计　平面制板基础编》一书）。

图 5-11

90

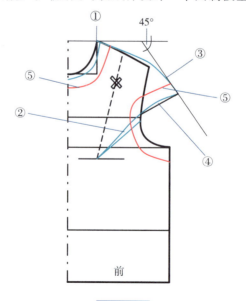

图 5-12

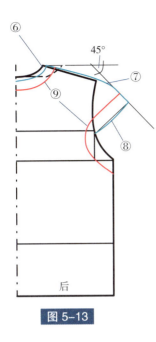

图 5-13

后衣片

⑥ —加宽后领口3~5cm，以便头部可以通过。

⑦ —用与前衣片相同的方法，画出袖子中缝线。

⑧ —为了得到更好的外观效果，袖口定在背宽线下1~2cm的位置，然后将袖口线中心外凸0.2cm，并画成弧线。

⑨ —画后领口贴边和袖窿贴边，宽度与前衣片一致（图5-13，红线所示）。

在净样板的基础上，四边加1cm的缝份，上衣底边需留出2cm的折边量。

为了便于修正和缝合，在样板上标记对位刀口（图5-14、图5-15）。

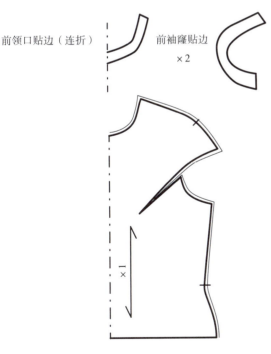

前衣片完成样板（连折）

图 5-14

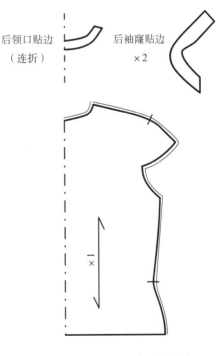

后衣片完成样板（连折）

图 5-15

五、和服袖的款式

袖底有插片、直身和服袖上衣

袖底有插片、直身和服袖上衣如图5-16所示。

根据尺寸，画上衣的基础样板。然后根据图5-17（前衣片）和图5-18（后衣片）所示修正基础样板。

调整侧缝线，加宽上衣的前、后衣片（请参考本书第74页内容）。

前衣片

① 一加宽领口，同时侧缝线向外移2~3cm。

② 一前门襟宽为4cm，这个尺寸取决于面料的质地和纽扣的大小。然后，将门襟上下两端画圆顺。

③ 一肩斜角度为26°，画出肩线。在肩线的延长线上量出袖子的长度。然后，画垂直袖口线，并量出袖口宽/2。

④ 一在侧缝线上，下降袖窿深线5~7cm，然后与袖子的底缝线相连，并将夹角画圆顺。

图 5-16

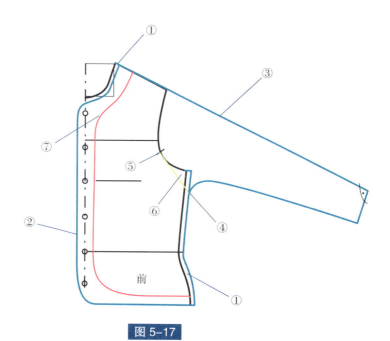

图 5-17

⑤ —袖窿上插片的止点在胸宽线下2~3cm的位置。从该点画一条直线，连至侧缝。（图5-17，绿线所示）。

⑥ —用透明拷贝纸复制出小三角形，即袖底插片。

⑦ —画前衣片挂面。前中挂面宽为10~15cm，然后逐渐变窄，至底边处为5~7cm（图5-17，红线所示）。

后衣片

⑧ —加宽领口3~5cm（需与前领口加宽的尺寸一致）。同时，侧缝线向外移2~3cm，与前衣片相同。

⑨ —保持同样的倾斜角度（18°），延长肩线，定出袖长。然后，在袖口位置画垂直线，量出袖口宽/2。

⑩ —与前衣片相同，下降袖窿深线，与袖子的底缝线连接，并将夹角画圆顺。

⑪ —从袖窿插片止点起，画一条直线，长度与前衣片相同，即插片的长度（图5-18，绿线所示）。

⑫ —用透明拷贝纸复制出袖底插片的形状。

⑬ —画后领口贴边和上衣底边贴边，宽度与前衣片相同（图5-18，红线所示）。

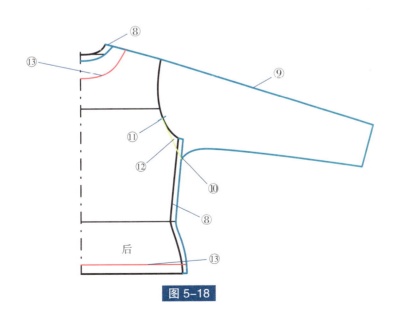

图 5-18

在每个衣片的四边加上1cm的缝份。

在样板上标记对位刀口（图5-19、图5-20）。

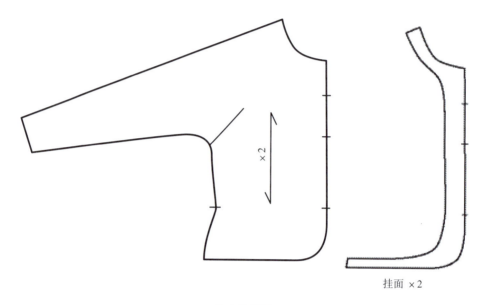

挂面 ×2

前衣片样板

图 5-19

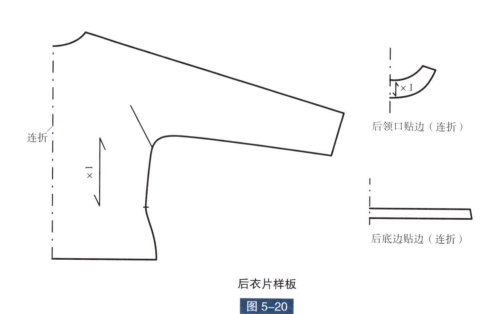

后领口贴边（连折）

后底边贴边（连折）

连折

后衣片样板

图 5-20

法国时装纸样设计　平面制板应用编

如果前、后袖片的袖底插片宽度不一致，则必须进行调整。

前、后袖底插片的中线必须保持垂直，如图5-21A所示。

调整袖底插片宽度的时候，必须保持插片高度不变（图 5-21B，红线所示）。

前、后袖底插片的形状必须相同（图5-21C）。在净样板基础上，四边加1cm的缝份。

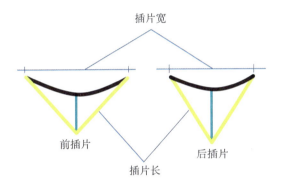

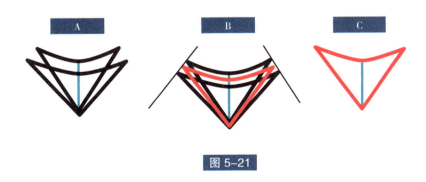

图 5-21

五、和服袖的款式

船型领、前胸有分割线、短和服袖上衣

下面将要介绍的款式，与前面介绍的款式在制板方法上有所不同。船型领、前胸有分割线、短和服袖上衣（图5-22）。由于分割线位于袖窿线的位置，故不需要再加一个单独的插片了，这样也避免了插片缝份可能会导致穿着时的不舒适。

按照所给尺寸，先画出上衣的基础样板，并加上必要的松量。然后，按图5-23（前衣片）和图5-24（后衣片）所示，对基础样板进行修改。

前衣片

① —根据款式，加宽前领口（肩线上加宽5cm，前中线处下降3cm）。

② —从领口开始，根据肩线画一条水平线。向下量出45°角，画袖子的中缝线。定出袖长，并将袖中缝线和肩线的夹角画圆顺（袖长为18~20cm）。

③ —在侧缝线上，袖窿深线下降3~5cm。然后，画垂直袖口线，并定出袖口宽/2（袖口宽约为18cm）。最后，画袖子的底缝线，并与侧缝线相接。

图5-22

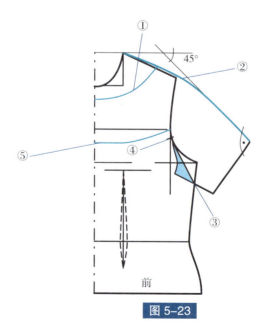

图 5-23

④ —在原型的袖窿弧线上，从胸宽线向下找到一点（图5-23）。从该点开始，画直线连至袖子底缝线在侧缝线上的止点。再以这条直线为中线，对称画出另一半三角形插片（图5-23，蓝色部分）。

⑤ —按照款式图，在袖窿上胸宽线的位置画结构分割线。然后，在前中的位置下降2~3cm。

后衣片

⑥ —加宽后领口。所加量需与前衣片领口相同。

⑦ —画后袖片的中缝线，形状与前袖片相同。

⑧ —与前衣片步骤③的操作相同。

⑨ —在原型的袖窿弧线上，从背宽线向下找到一点（图5-24）。从该点开始，画直线连至袖底缝线在侧缝线上的止点。再以这条直线为中线，对称画出另一半三角形插片（图5-24，蓝色部分）。

⑩ —从袖窿弧线与背宽线的交点起，画后衣片的结构分割线。在后中的位置下降1~2cm。

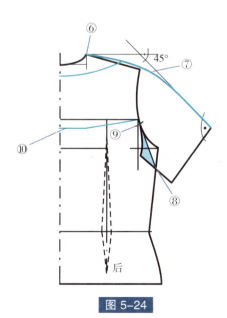

图 5-24

借助透明拷贝纸，分别复制前、后衣片样板的每个部分。

在完成的净样板基础上，袖口和衣身底边加2~3cm的折边量，其余各边加1cm的缝份。

画出领口贴边，宽度不少于7cm（图5-25、图5-26，蓝线所示）。

前衣片样板

图 5-25

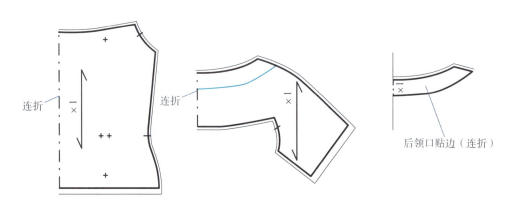

后衣片样板

船型领、连肩、收腰和服袖上衣

款式 6

船型领、连肩、收腰和服袖上衣如图5-27所示。

按照尺寸，画上衣的基础样板，加上必要的松量，然后按照图5-28（前衣片）和图5-29（后衣片）所示，修正基础样板。

前衣片

① —加宽前领口，根据款式图，画出船型领（领口在肩线上加宽5cm，前中处下降3cm）。

② —从领口宽点起，沿肩线画袖子的上半部分。袖中缝线与水平线呈45°角，并量出袖长（15cm）。将袖子和肩线的夹角画圆顺。

③ —用直线连接袖子中缝线止点和袖窿弧线与胸宽线的交点。

④ —为了得到更好的视觉效果，袖口线中间凹进0.2cm，画成弧线。

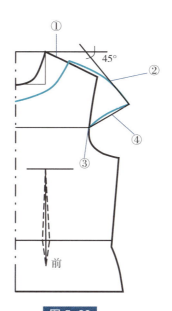

图 5-28

99

五、和服袖的款式

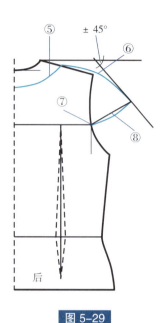

图 5-29

后衣片

⑤ —画后领口线。注意，后领宽要与前领宽一致。

⑥ —用与前衣片相同的制板方法画后袖的中缝线。

⑦ —画袖口线，与袖窿弧线上背宽线相接（后衣片的这个交点位置亦可下降2~3cm）。

⑧ —为了得到更好的视觉效果，袖口线中间外凸0.2cm画弧线。

在完成的净样板基础上，袖子和衣身底边加2cm的折边量，其余各边加1cm缝份。

画出领口贴边和袖口贴边（图5-30、图5-31，蓝线所示），用透明拷贝纸将其复制下来。

不要忘记在样板上标记对位刀口，以便于将来的修正和缝合。

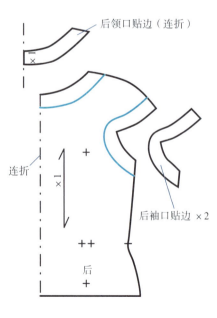

后衣片样板

图 5-30

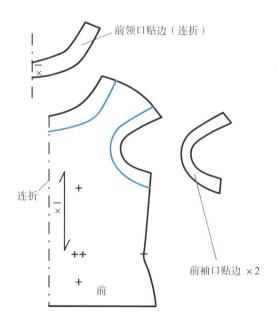

前衣片样板

图 5-31

法国时装纸样设计　平面制板应用编

连领、艺术分割线、有衬里和服袖上衣

连领、艺术分割线、有衬里和服袖上衣如图5-32、图5-33所示。

按照所给尺寸，先画上衣的基础样板，并加上必要的松量。然后，按图5-34（前衣片）和图5-35（后衣片）所示对基础样板进行修改。

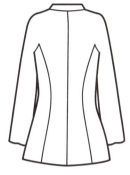

图5-33

前衣片

① —前中加门襟，宽度为3~5cm。这个宽度取决于面料质地和纽扣大小。

② —前领口加宽2~3cm。

③ —从前领口宽点起，沿肩线画袖子的上半部分。袖子的中缝线与水平线呈45°角，并量出袖长，将袖子和肩线的夹角画圆顺。然后画袖口线，注意它与袖中缝线呈直角，定出袖口宽/2（如10~12cm）。

④ —在侧缝线上，将袖窿深线下降至少5cm，然后从该点起画袖子的底缝线。

⑤ —在袖窿弧线上，胸宽线下3cm的位置起，画一条直线，连接至点④。

⑥ —对称画出袖底插片（图5-34，蓝色部分）。

图 5-32

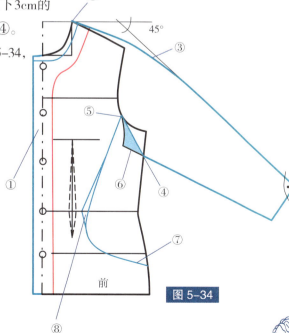

图 5-34

⑦ —在侧缝线上、腹围线下约5cm的位置开始，画弧形的结构分割线。经过腰省中线外侧2~3cm的点，连接至袖窿弧线上点⑤的位置。

⑧ —将腰省的省量转移至弧形分割线。

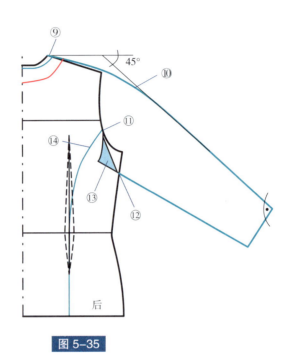

图 5-35

后衣片

⑨ —加宽后领宽，注意要与前领宽一致。

⑩ —用与前袖片相同的制板方法，画出后袖的中缝线。袖口线垂直于袖中缝线，定出袖口宽/2。

⑪ —在袖窿弧线上、背宽线下3cm的位置定一个点。

⑫ —从点⑪开始画一条直线，连接至侧缝，止点在袖窿深线下至少5cm的位置（这个尺寸需与前衣片保持一致）。

⑬ —对称地画出袖底插片（图5-35，蓝色部分）。

⑭ —从点⑪起，画一条弧形的结构分割线，过腰省中线，垂直于底边。

画前衣片挂面（宽度约10cm）和后领口贴边（图5-34、图5-35，红线所示），并用透明拷贝纸分别复制下来。

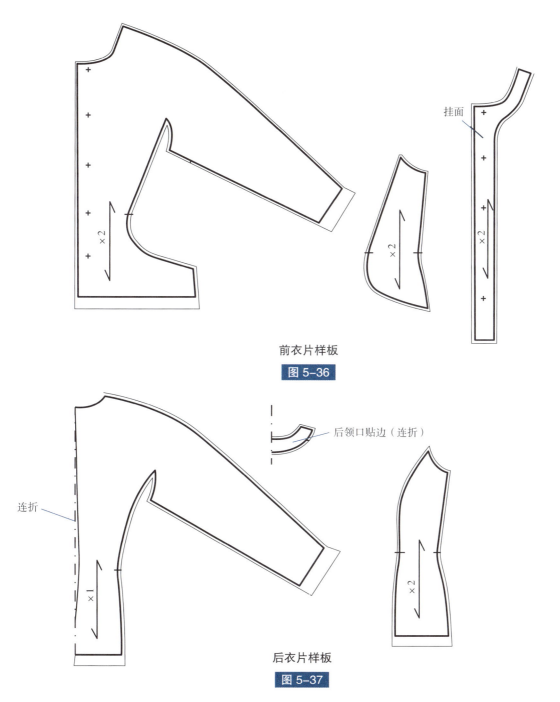

挂面

前衣片样板

图 5-36

后领口贴边（连折）

连折

后衣片样板

图 5-37

　　上衣的后中可以不分割，剪裁时对折即可。此例中剪开后中线，收1.5cm的
腰省。

　　在净样板的基础上，底边和袖口留出5cm的折边量（如果上衣有衬里），
其余各边加1cm的缝份。

　　在样板上标记对位刀口，以便于修正和缝合（图5-36、图5-37）。

　　领子的制板方法，请参考《法国时装纸样设计　平面制板基础编》一书。

五、和服袖的款式

衬里样板

衬里样板的制板可以借用完成的上衣样板，只在局部做一些修改（图5-38、图5-39）。

① —去掉领口贴边和前门襟挂面，因为这两个部件是用面料裁剪的。

② —减短衣长和袖长，缩减量约为折边量的1/2（这里减去2.5cm），以确保缝合后衬里不会长于面布。

③ —后中加出2~3cm，将这个量（褶裥）折叠后与后领口贴边缝合。

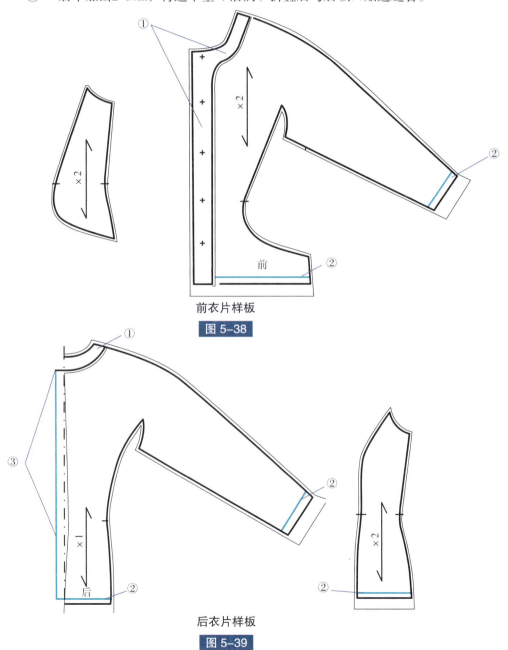

前衣片样板

图 5-38

后衣片样板

图 5-39

法国时装纸样设计　平面制板应用编

104

经过修正的部位，需要加上1cm的缝份，其他部位的缝份量已经包括在样板中了。

为了便于修正和缝合，在衬里样板上标记对位刀口（图5-40、图5-41）。

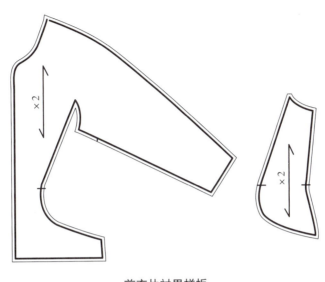

前衣片衬里样板

图 5-40

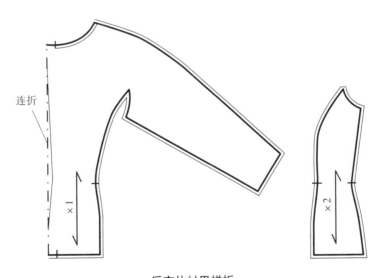

连折

后衣片衬里样板

图 5-41

五、和服袖的款式

圆领、艺术分割线、收腰和服袖上衣

圆领、艺术分割线、收腰和服袖上衣如图5-42、图5-43所示。

按照所给尺寸，先画出上衣的基础样板，并加上必要的松量（此款胸围加12cm）。然后，按图5-44（前衣片）和图5-45（后衣片）所示对基础样板进行修改。

图 5-43

前衣片

① —前中加门襟，宽度为5cm。这个宽度取决于面料的质地和纽扣大小。

② —根据款式需要，领口加宽2~3cm。

③ —从前领口宽点起，沿肩线画袖子的上半部分。袖子的中缝线与水平线呈45°角，并量出袖长，将袖子和肩线的夹角画圆顺。画袖口线，注意它与袖中缝线呈直角，然后定出袖口宽/2。

④ —在侧缝线上，袖窿深线至少下落5cm，然后将袖子画完整。

⑤ —在袖窿弧线上，胸宽线下5cm的位置为起点，画直线，连接至点④。然后对称画出袖底插片（图5-44，蓝色部分）。

⑥ —延长腰省中线，画一条弧线，经过胸宽线与袖窿弧线的交点，直至袖子中缝线。同时，向下垂直延长腰省中线至底边。这样就完成了结构分割线。

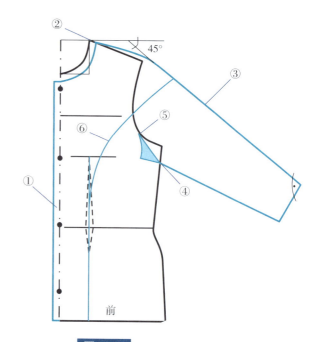

图 5-44

图 5-42

法国时装纸样设计　平面制板应用编

后衣片

⑦ —加宽后领口，注意要与前领口的宽度一致。后领中下降约1cm。

⑧ —用与前衣片相同的制板方法，画后袖中缝线，并量出袖口宽。

⑨ —在侧缝线上，袖窿深线至少下落5cm，下降的量需与前衣片袖窿相同。

⑩ —在袖窿弧线上，背宽线下3cm的位置开始，画一条直线至侧缝点⑨，并以此直线为中线，对称画出袖底插片（图5-45，蓝色部分）。

⑪ —从袖子中缝线上前衣片分割线的止点起，画后衣片的弧形结构分割线。分割线经过腰省的中线，垂直延长至底边。

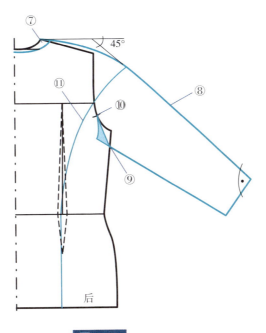

图 5-45

画前门襟和挂面（宽度约为10cm）以及后领口贴边（图5-46、图5-47，蓝线所示）。然后，用透明拷贝纸将每个部件分别复制下来。

在复制的净样板上加缝份。上衣的底边和袖口需要留出2~3cm的折边量。如果上衣有衬里，则需要留出更大的折边量（5~7cm），其余部位加1cm缝份。

为了便于修正和缝合，在样板上标记对位刀口（图5-46、图5-47）。

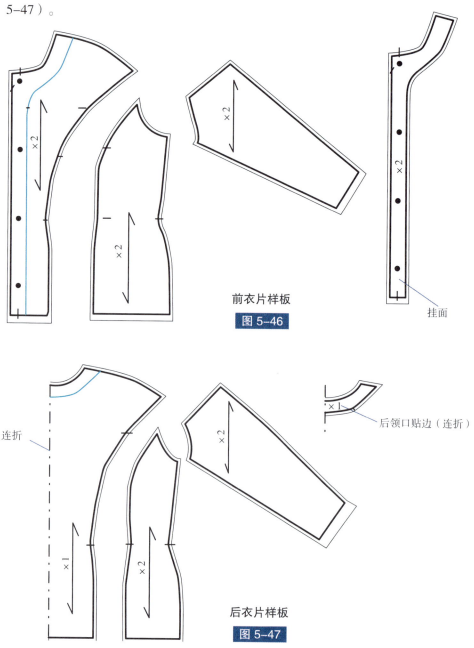

前衣片样板

图 5-46

挂面

后领口贴边（连折）

连折

后衣片样板

图 5-47

法国时装纸样设计　平面制板应用编

青果领、口袋位于分割线、有衬里和服袖上衣

款式 9

青果领、口袋位于分割线、有衬里和服袖上衣如图5-48所示。

按照尺寸，先画出上衣的基础样板，并加上必要的松量（此款胸围加12cm）。然后，按图5-49（前衣片）和图5-50（后衣片）所示对基础样板进行修改。

前衣片

① —前中加门襟，宽度为5cm。这个宽度取决于面料的质地和纽扣大小。

② —在侧缝线上，袖窿深线下不超过5cm的位置，标记一个对位刀口。

③ —为了获得更好的外观效果，将肩线和袖子的夹角定为30°。画袖子的中缝线，并量出袖长。然后，画垂直于袖中缝线的袖口线，量出袖口宽/2。用弧线连接袖肘线的内点与侧缝线上的点②。

图 5-48

109

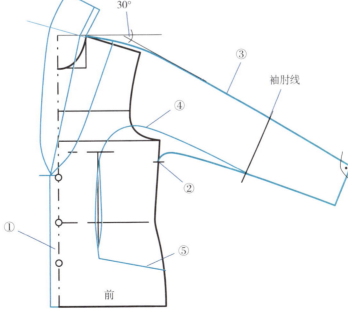

图 5-49

④ —用弧线画出前衣片分割线。从袖肘线开始，经过袖窿弧线，连至腰省中线。

⑤ —用直线连接腰省的下端止点与侧缝和腹围线的交点，这就是插袋的开口位置。

青果领的制板方法，请参考本书第34页以及《法国时装纸样设计 平面制板基础编》一书。

后衣片

⑥ —在侧缝线上，袖窿深线下与前衣片相同的位置，标记对位刀口。

⑦ —用与前衣片步骤③相同的方法，画出后袖片。

⑧ —画出后衣片的弧形结构分割线。从袖肘线开始，经过袖窿弧线，连至后腰省中线，并垂直延长至底边。

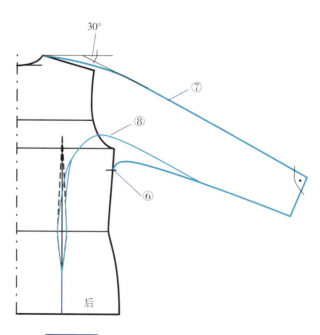

图 5-50

画前门襟连青果领的挂面以及后领口贴边。

因为口袋开在结构分割线上，所以在制作上衣小侧片的样板时，要加上袋口的贴边宽度（3~5cm，图5-51，蓝色部分）。如果要了解更详细的制板方法，请参考《法国时装纸样设计 平面制板基础编》一书。

在净样板上衣底边和袖口处留出5cm的折边量，其余部位加1cm缝份。

为方便日后的修正和缝合，切记在完成的样板上标记对位刀口（图5-51、图5-52）。

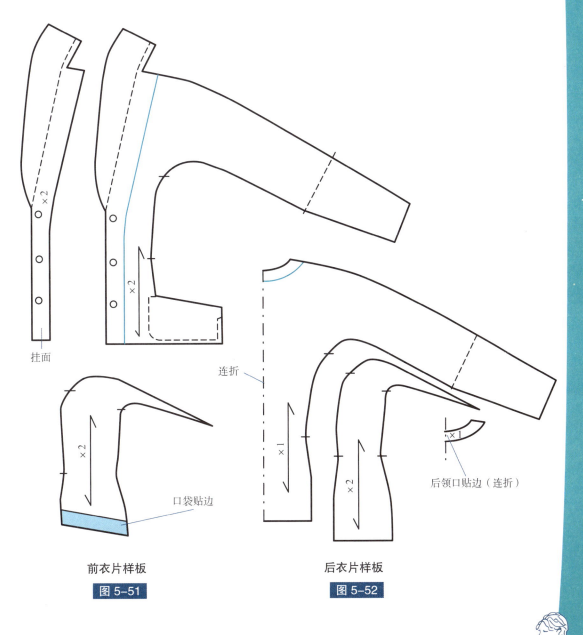

挂面

连折

口袋贴边

后领口贴边（连折）

前衣片样板

图 5-51

后衣片样板

图 5-52

五、和服袖的款式

衬里样板

借用完成的上衣样板，进行局部修正后制作衬里的样板（图5-53、图5-54，蓝线所示）。

① —去掉领口贴边和前门襟挂面。

② —后中加出2~3cm，将这个量（褶裥）折叠后与后领口贴边缝合。

③ —去掉结构分割线。

④ —减短衣长和袖长，缩减量约为折边量的1/2，这样才能确保缝合后衬里不会长于面布。

112

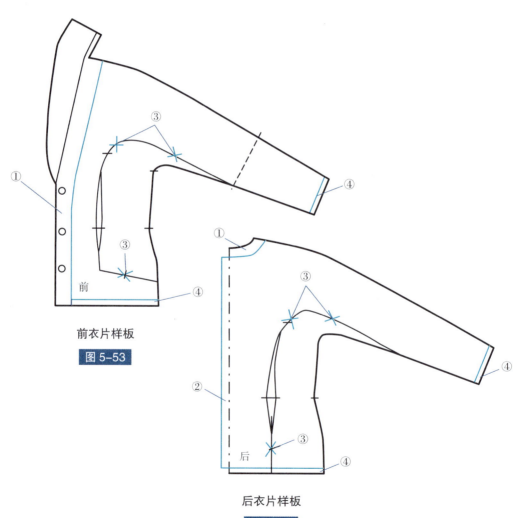

前衣片样板

图 5-53

后衣片样板

图 5-54

前、后衣片的净样板上加1cm的缝份。

在样板上标记对位刀口，便于日后的修正与缝合（图5-55、图5-56）。

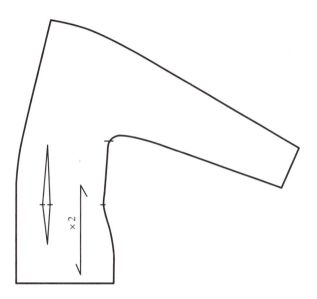

前衣片衬里样板

图 5-55

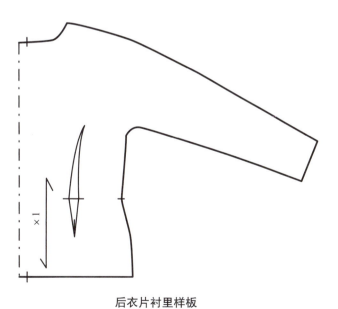

后衣片衬里样板

图 5-56

五、和服袖的款式

六、插肩袖

　　插肩袖是指袖子的袖山部位延伸并覆盖整个肩部，且与领口相连的一种袖型。它与和服袖有较大的区别。

　　独特的裁剪方式赋予插肩袖经典、运动、舒适的感觉，非常适于宽松的款式，如外套和大衣。

　　插肩袖很少被用于紧身款式，因为裁剪太合身的话，袖子很难呈现自然的垂势。

插肩袖的结构特点

插肩袖通常为直袖，直接与领口相连（图6-1）。袖窿可以是直线，也可以是弧线。根据尺寸，在基础样板基础上，加必要的松量，就能得到插肩袖的样板。

一般来说，有两种常用的插肩袖制板方法，可以直接对上衣和袖子的基础样板进行修改，也可以借用和服袖的样板。

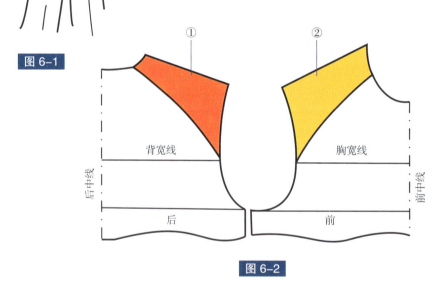

图 6-1

116

① ②

背宽线　　　　　　　　　　胸宽线

后中线　　　　　　　　　　　　　　　前中线

后　　　　　　　　　前

图 6-2

以上衣和袖子的基础样板为基础，制作插肩袖

以下介绍的，是在袖窿深线下降5cm的情况下，制作插肩袖。

① —在后衣片的基础样板上，用弧形画出插肩部位的结构分割线。从袖窿弧线上、背宽线位置画起，直至后领口线（图6-2）。

② —用相同的方法，画前衣片的结构分割线（图6-2）。然后，用透明拷贝纸将前、后衣片的插肩部位复制下来（图6-2，橘色部分和黄色部分）。

用另一张透明纸，覆在袖子的基础样板上，描出袖子轮廓线和垂直的袖中线（图6-3）。

③ —在原型袖山上方1cm处，画一条水平线。

④ —在上衣样板上，分别量出袖窿深线到背宽线和袖窿深线到胸宽线之间弧线的长度（图6-3），再各加上0.5cm的袖山吃势量。然后，标记对位刀口。

⑤ —将刚才复制的前、后插肩的轮廓，覆在袖山的样板上，一端对齐④的对位刀口，另一端与先前所画的水平线相交（图6-3）。

⑥ —延长插肩片的线，到袖中线的位置。

⑦ —为了缝合后肩线看上去更加漂亮，尤其是在面料比较硬挺的情况下，可以给肩线加一点弧度（图6-4、图6-5）。

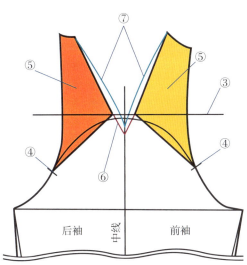

图 6-3

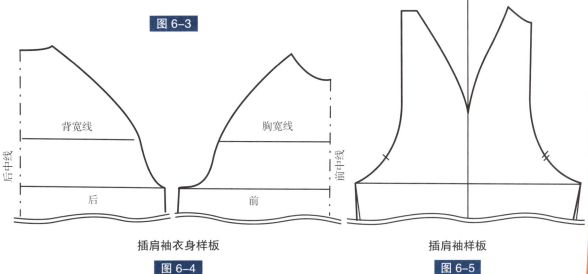

插肩袖衣身样板

图 6-4

插肩袖样板

图 6-5

六、插肩袖

以和服袖样板为基础，制作插肩袖

这个方法多用于袖子更为宽松的款式（如大衣、外套等）。

首先，根据所给尺寸画出上衣的基础样板，加上必要的松量，然后按照以下的步骤进行修改。

① —从袖窿弧线上、约胸宽线的位置开始，用弧线画出插肩部位的结构分割线，直至前领口线。

② —从前领口线起，沿着肩斜线画袖子插肩部位的中缝线。袖子的中缝线与水平线呈45°角，画袖子的中缝线。定出袖长，并将肩端点转折处画圆顺。袖口线垂直于袖中缝线，确定袖口宽/2。

③ —垂直于袖中缝线，画袖肥线/2，与衣身的侧缝线相交。然后从交点起，画直线连接至袖窿弧线（图6-6，绿线所示）。

118

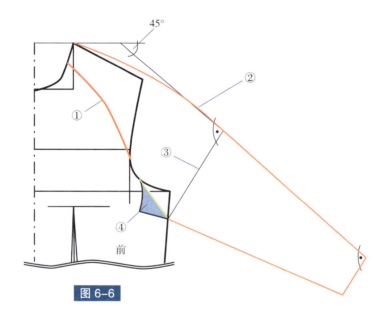

图 6-6

④ 一对称画出袖底三角形（图6-6，蓝色部分）。然后，用透明拷贝纸将加了分割线的前衣片和插肩袖片分别复制下来（图6-7、图6-8）。

用相同的方法，制作后袖片样板。

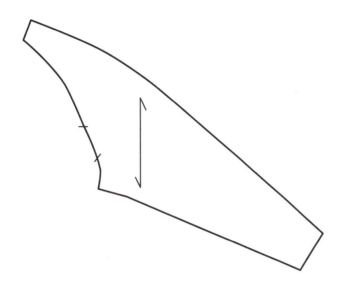

插肩袖前片样板

图 6-7

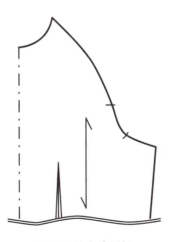

插肩袖前衣片样板

图 6-8

七、插肩袖的款式

　　以下介绍的插肩袖款式的制板，分别使用了上一章谈到的两种
不同方法：以直袖为基础样板和以和服袖为基础样板。无论采用哪
一种方法，都适用于所有插肩袖的款式。

图 7-1

插肩袖、前胸收褶短上衣

插肩袖、前胸收褶短上衣如图7-1所示。

根据所给尺寸，画上衣的基础样板，并加上必要的松量。然后，如图7-2（前衣片）和图7-3（后衣片）所示进行样板修改。

前衣片

① 一根据款式要求，确定前领片的形状。

② 一从领口开始，沿着肩斜线，画出袖子插肩部位的中缝线。袖子的中缝外与水平线呈45°角，画袖子的中缝线，并量出袖长。将肩端点转折处画圆顺。垂直于袖中缝线画袖口线，确定袖口宽/2。

③ 一在侧缝上，袖窿深线下降6~8cm处，画直线连接袖口。然后，再从该点画直线连至袖窿弧线。

④ 一以③所画直线为中线，对称画出袖底三角形（图7-2，蓝色部分）。

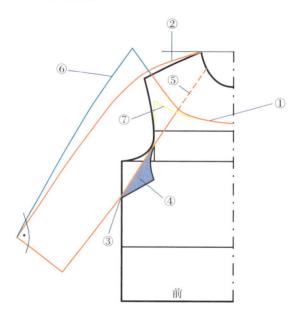

图 7-2

法国时装纸样设计 平面制板应用编

⑤ —用直线连接三角形插片在袖窿弧线上的止点和前领口线上任意一点，这就是前袖片插肩部位的结构分割线。

⑥ —加长插肩部位的分割线（如加长10cm），这样就有足够的量用来抽褶（图7-2，蓝线所示）。

⑦ —前胸部位的分割线也需加长，以获得胸前抽褶的松量（图7-2，绿线所示）。

后衣片

⑧ —按照前衣片的制板步骤，先画出后袖中缝线，定袖口宽/2，然后将后袖片画完整。

⑨ —从侧缝和袖底线的交点画直线，连接背宽线与袖窿弧线的交点。

⑩ —以该直线为中线，对称复制袖底三角形（图7-3，蓝色部分）。

⑪ —画后袖片插肩部位的结构分割线，在肩线上的宽度需与前衣片相同。

⑫ —从袖窿弧线与背宽线的交点起，画直线连至后领口。

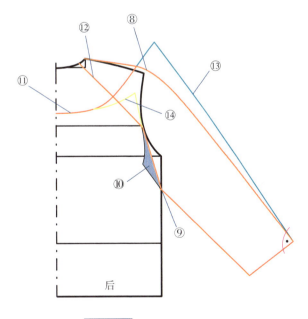

图 7-3

⑬ —用与前袖片相同的制板方法，加宽后袖片（图7-3，蓝线所示）。

⑭ —然后，加长后片分割线（图7-3，绿线所示）。

用透明拷贝纸，分别复制前衣片（图7-4）和后衣片（图7-5）的各个部分。然后画前、后领的领口贴边（宽度至少5~7cm）。同时，在后领中要预留出装拉链的位置。

画袖克夫样板（宽度3~5cm）。

在完成的净样板上加1cm缝份。为了方便修正与缝合，在样板上标记对位刀口。

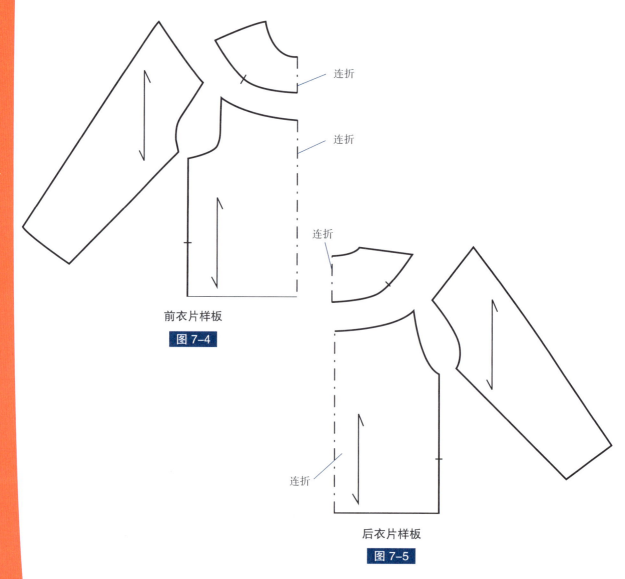

连折

连折

连折

前衣片样板

图 7-4

连折

后衣片样板

图 7-5

法国时装纸样设计　平面制板应用编

袖子的样板（图7-6）由前、后两片构成，但也可以取消袖中的拼缝线，只要将前、后袖片的中缝线变成直线合并在一起，对齐袖窿弧线即可（图7-7）。最后，将袖山头画圆顺。

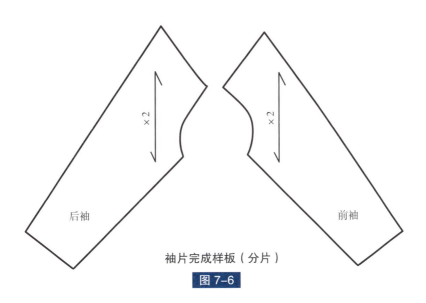

袖片完成样板（分片）

图7-6

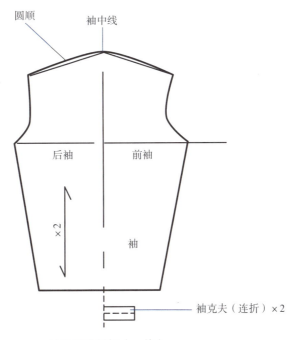

袖片完成样板（一片）

图7-7

七、插肩袖的款式

立领、插肩袖、直身衬衫

立领、插肩袖、直身衬衫如图7-8所示。

根据所定尺寸，画上衣的基础样板，并加上必要的松量。然后，按图7-9（前衣片）和图7-10（后衣片）所示进行样板变化。

前衣片

① —从领口宽点开始，沿着肩斜线，画出袖子插肩部位的中缝线。袖子中缝线与水平线呈45°角，画出袖子的中缝线。量出袖长，并将肩端点转折处画圆顺。垂直于袖中缝线画袖口线，并量出袖口宽/2。

② —袖窿深线下落6~8cm，在侧缝上定出一点。从该点画直线连接袖口，将袖子画完整。同时，从该点画直线连接袖窿弧线。

③ —以②所画直线为中线，对称复制袖底三角形（图7-9，蓝色部分）。

④ —从袖窿弧线上的胸宽线位置起，用弧线画出插肩部位的分割线，连至前领口（宽度约为10cm）。

⑤ —在前中加门襟，宽度为2~3cm（这个尺寸取决于纽扣大小或者面料质地）。

⑥ —画前中挂面，挂面要比门襟宽1cm。

⑦ —画前领口贴边，宽度不少于5cm。

图 7-8

126

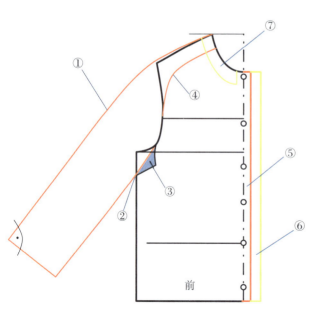

前

图 7-9

法国时装纸样设计 平面制板应用编

后衣片

⑧ —按照前衣片的制板步骤，画出后袖中缝线、袖口线，并量出袖口宽/2。

⑨ —下降袖窿深线至前袖片的位置，画直线连接袖口。

⑩ —对称复制袖底三角形（图7-10，蓝色部分）。

⑪ —从袖窿弧线上的背宽线位置开始，用弧线画插肩部位的分割线，并连至后领口（宽度为5~7cm）。

⑫ —画后领口贴边（宽度不少于5cm）。

用透明拷贝纸，将前衣片（图7-11）和后衣片（图7-12）样板的各个部件分别复制下来。

袖口处加袖克夫，宽度为3~5cm。

在完成的净样板上加1cm的缝份，衬衫底边要留出2cm的折边量。

为了方便缝合，不要忘记在样板上标记对位刀口。

立领的制板方法，请参考《法国时装纸样设计　平面制板基础编》一书。

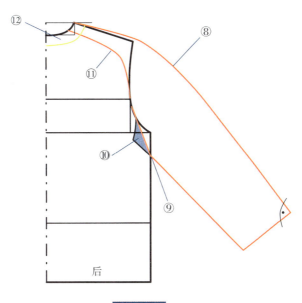

图 7-10

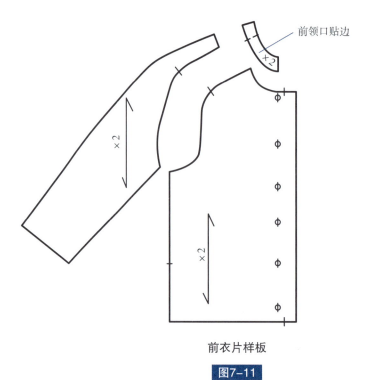

前领口贴边

×2

φ

φ

φ

φ

φ

×2

前衣片样板

图7-11

后领口贴边（连折）

连折

×1

×2

后衣片样板

图7-12

法国时装纸样设计　平面制板应用编

青果领、插肩袖、公主线上衣

款式3

青果领、插肩袖、公主线上衣如图7-13所示。

根据所给尺寸，画出上衣的基础样板，并加上必要的松量。然后，按图7-14（前衣片）和图7-15（后衣片）所示进行样板变化。

前衣片

① —在无袖上衣基础样板上，加一个肩省（省道的画法请参考《法国时装纸样设计　平面制板基础编》一书）。然后，延长肩省，经过腰省中线向下延长，垂直于上衣底边。

② —从领口开始，沿着肩斜线，画袖子插肩部位的中缝线。与水平线呈45°角，画好袖子的中缝线并量出袖长，将肩端点转折处画圆顺。垂直于袖中缝线画袖口线，并确定袖口宽/2。

如果这个款式需要加垫肩，可根据垫肩的厚度，适当上提肩线（1~1.5cm）。

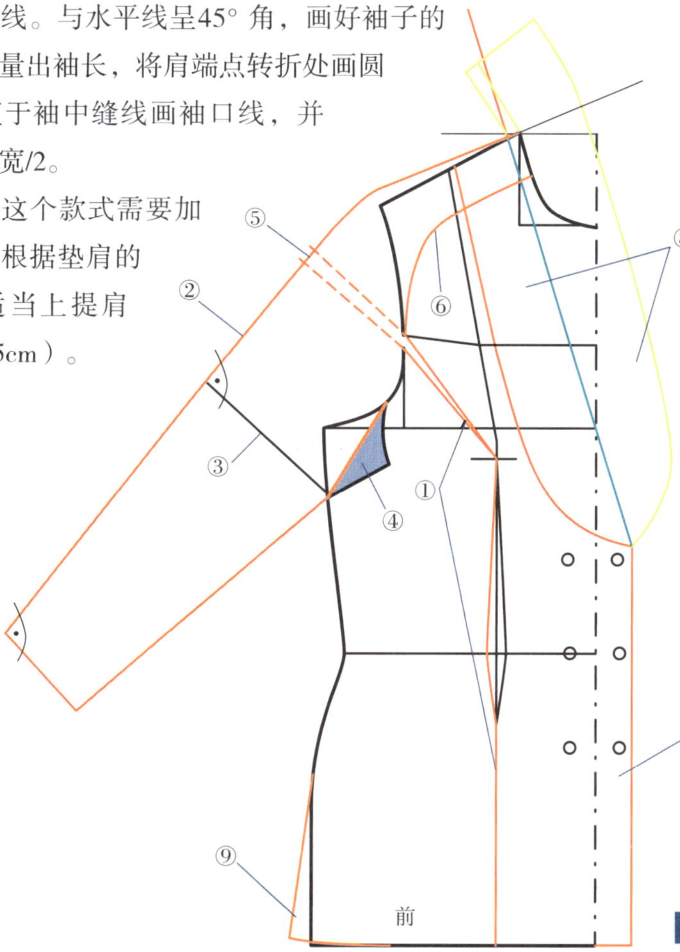

图 7-13

图 7-14

前

七、插肩袖的款式

③ —垂直于袖中缝线，画袖肥线/2，与衣身侧缝线相交。从交点起画直线连接袖口，将袖子画完整。同时，从该点画直线连接袖窿弧线。

④ —以③所画直线为中线，对称复制袖底三角形（图7-14，蓝色部分）。

⑤ —由于公主线的关系，插肩袖的袖窿弧线会比衣身的袖窿弧线长。所以，要在袖子中缝线上将这个多出的量减去。如果这个量不超过1cm，可以将它加在袖山的吃势中。

⑥ —从袖窿弧线与胸宽线的交点起，画弧形分割线至前领口线（分割线与肩线平行部分的宽度不超过10cm）。

⑦ —在前中处加门襟（宽约7cm）。

⑧ —确定前领深，然后画青果领（请参考本书第34页"青果领"的内容和《法国时装纸样设计　平面制板基础编》一书）。

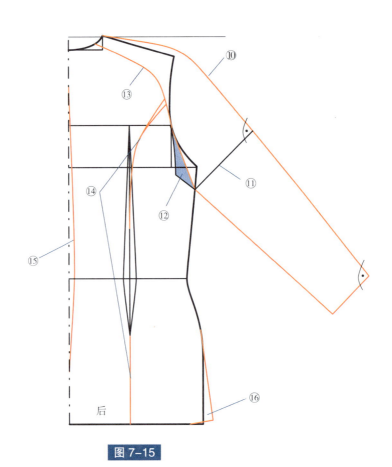

图 7-15

⑨ —在上衣原型的基础上，下摆加宽2~3cm。然后，调整侧缝的长度，确保前、后衣片的侧缝拼合后，不会出现尖角。

后衣片

⑩ —按照前衣片的制板步骤，画出后袖的中缝线，并量出袖长、画好袖口线。

⑪ —定出袖肥。垂直于袖中缝线画袖肥线/2，然后连接袖口与侧缝。从新的袖窿深线画直线连至袖窿弧线（图7-15，橘线所示）。

⑫ —对称复制袖底三角形（图7-15，蓝色部分）。

⑬ —从袖窿弧线与背宽线的交点开始，画弧形分割线，连至后领口（分割线与肩线平行部分的宽度约为7cm）。

⑭ —用弧线连接袖窿省至腰省中线，然后垂直延长腰省至上衣的底边。

⑮ —上衣后中加一个腰省，省量根据收腰的需要而定（具体细节请参考本书第15页内容）。

⑯ —在原型的基础上，下摆侧缝处加宽2~3cm。然后，调整侧缝的长度，确保前、后衣片缝合后，下摆不会出现尖角。

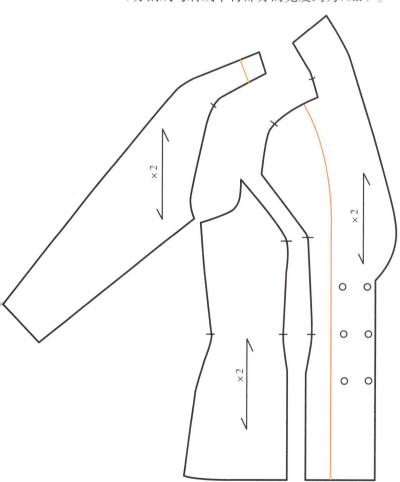

前衣片样板

图 7-16

七、插肩袖的款式

用透明拷贝纸，将前衣片和后衣片样板的各个部位分别复制下来。

借用上衣的样板，画后领口贴边和前门襟挂面（图7-16、图7-17，橘线所示）。

如果上衣有衬里，衬里样板的制作请参考本书第50页。如需要更详细的介绍，也可参考《法国时装纸样设计　平面制板基础编》一书。

在完成的净样板上加1cm的缝份。上衣底边和袖口需要留出5cm的折边量。

为了方便缝合，不要忘记在样板上标记对位刀口。

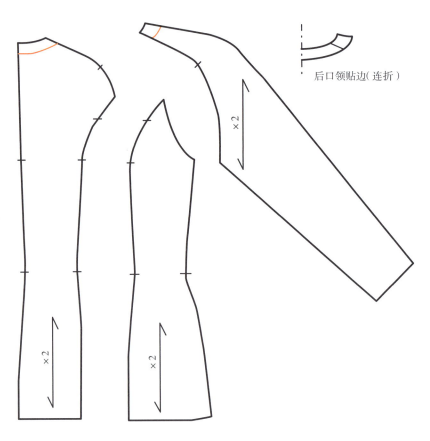

后口领贴边（连折）

后衣片样板

图 7-17

带领尖青果领、插肩袖、收腰大衣

款式4

带领尖青果领、插肩袖、收腰大衣如图7-18所示。

根据所给尺寸，画出上衣的基础样板，并加上必要的松量。然后，按图7-19（前衣片）和图7-20（后衣片）所示进行样板变化。

前衣片

① 一确定前领深，然后加上5cm左右的门襟。门襟的宽度主要取决于纽扣大小以及面料的厚薄。

② 一画青果领（详细说明，请参考本书第34页内容，或者《法国时装纸样设计　平面制板基础编》）一书。

③ 一从领口开始，沿着肩斜线，画袖子插肩部位的中缝线。与水平线呈45°角，画袖子的中缝线并量出袖长。根据垫肩的厚度上提肩线（如1.5cm），并将肩端点转折处画圆顺。然后，垂直于袖中缝线画袖口线，并量出袖口宽/2。

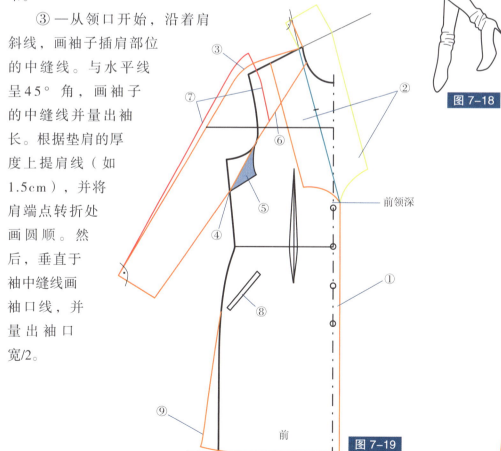

前领深

前

图 7-19

133

图 7-18

④ —在侧缝线上，袖窿深线下落约6cm，将袖子画完整。然后，从新的袖窿深点画直线，连接至袖窿上弧度最大的地方。

⑤ —以所画直线为中线，对称复制袖底三角形（图7-19，蓝色部分）。

⑥ —从三角形插片的顶端开始，用直线画插肩部位的分割线，连接至前领口线。

⑦ —画袖山头分割线，并加上褶裥展开后所需的量（约6cm），然后画出袖子的中缝线。

⑧ —确定斜插袋的开口位置，袋口的最高点应在腹围线处（腰围线下10cm）。袋口的宽度要能够让手轻松插入（约17cm）。关于口袋的详细制板方法，请参考《法国时装纸样设计 平面制板基础编》一书。

⑨ —加宽大衣的下摆（从腰围线下约20cm处起），两边各加出4~6cm，然后修正前、后衣片侧缝的长度，以免缝合后出现尖角。

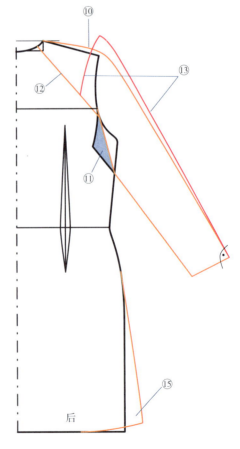

图 7-20

后衣片

⑩ —按照前衣片的制板步骤，画后袖子的中缝线，定出袖口宽/2，然后将袖子画完整。

⑪ —在侧缝上下降袖窿深线，然后对称画出袖底三角形，具体方法与前衣片相同（图7-20，蓝色部分）。

⑫ —从三角形插片的顶端起，用直线画插肩袖部位的分割线，直至后领口。

⑬ —画后袖山分割线，并加上褶裥展开后所需的量（约6cm），然后画袖子的中缝线。

⑭ —用同样方法，加宽后衣片下摆。

用透明拷贝纸将前衣片（图7-23所示）和后衣片（图7-24所示）样板的各个部件分别复制下来。

这里介绍的袖子，由前、后两片构成（图7-21）。但也可以取消袖中的拼缝，只要将前、后袖片的中缝线合并在一起（图7-22），然后将拼合后袖山头的尖角去掉并画圆顺。

为了方便缝合，在样板上标记对位刀口。

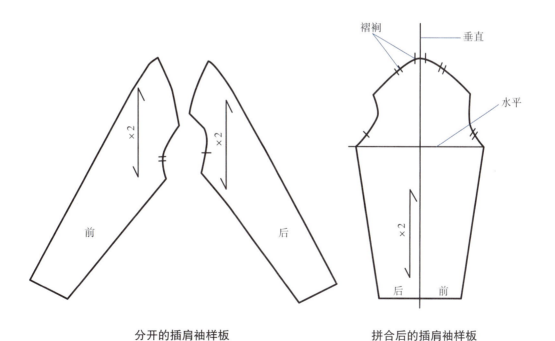

分开的插肩袖样板

图 7-21

拼合后的插肩袖样板

图 7-22

七、插肩袖的款式

在完成的净样板上加1cm的缝份。上衣底边和袖口需要留出5cm的折边量。

为了方便修正与缝合，样板上需标记对位刀口（图7-23、图7-24）。

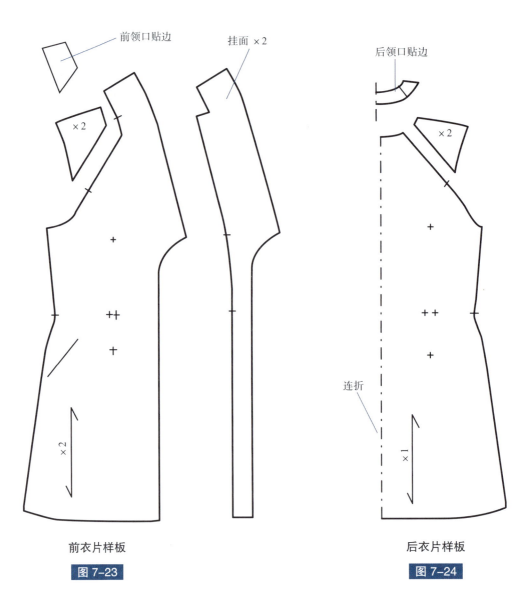

前领口贴边

挂面 ×2

后领口贴边

×2

×2

×2

连折

×1

前衣片样板

图 7-23

后衣片样板

图 7-24

法国时装纸样设计　平面制板应用编

衬里样板

借用完成的大衣样板，做一些修正，制作衬里的样板（图7-25、图7-26，橘线所示）。

① —去掉后领口贴边和前门襟挂面，因为它们是用面料裁剪的。

② —减短衣长和袖长，缩减量约为折边量的1/2（如折边为5cm宽，就减短2.5cm），这样能确保缝合后，衬里不会长于面布。

图 7-25   图 7-26

③ —后中加出2~3cm，折叠后形成大褶裥以增加活动量，与后领口贴边缝合。

样板修改后需要加上缝份（图7-27、图7-28，橘线所示）。其他部位由于作为基础的大衣样板已经包含了缝份量，所以不需要再加了。

为了方便修正与缝合，在样板上标记对位刀口。

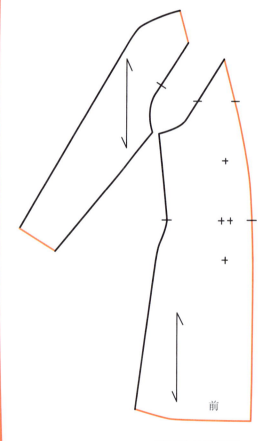

前衣片衬里样板

图 7-27

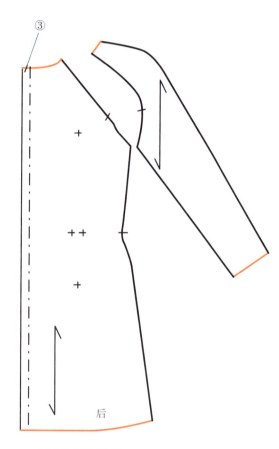

后衣片衬里样板

图 7-28

插肩袖、双排扣、经典大衣

插肩袖、双排扣、经典大衣如图7-29所示。

根据所定尺寸，画大衣的基础样板，并加上必要的松量。然后，按图7-30（前衣片）和图7-31（后衣片）所示进行样板变化。

前衣片

① —加宽前领口2~3cm，并根据垫肩的厚度上提肩线（如1.5cm）。

② —前中加上门襟，宽度在10cm左右。

③ —确定前领深，然后确定领子翻折线的位置，并画出所要的翻领造型（有两种常用领型，图7-30，橘线和绿线所示）。

④ —从袖窿弧线与胸宽线的交点起，用弧线画出插肩袖的结构分割线，直至前领口（插肩部分的宽度约10cm）。

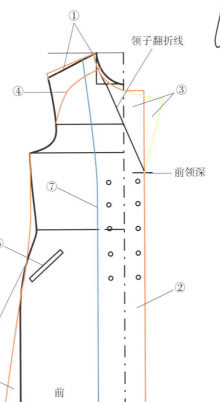

领子翻折线

前领深

前

图 7-29

139

图 7-30

⑤ —加宽前衣片的下摆（从腰围线下约20cm处起），两侧各加出4~5cm，然后修正侧缝的长度和形状，以免缝合之后出现尖角。

⑥ —确定斜插袋的开口位置，袋口的最高点应在腹围线的位置（即腰围线下10cm处），袋口的宽度要能够让手轻松插入（如17cm）。

⑦ —画前衣片挂面（图7-30，蓝线所示）。

后衣片

⑧ —后领口加宽2~3cm，后领深下降1cm，然后根据垫肩的厚度，上提肩线。

⑨ —从袖窿弧线与背宽线的交点起，画弧形结构分割线，连接至后领口（插肩部位的宽度约为7cm）。

⑩ —与前衣片相同，加宽后衣片的下摆。

⑪ —画后领口贴边（肩线上的宽度不少于10cm，要求与前领口贴边的宽度一致）。

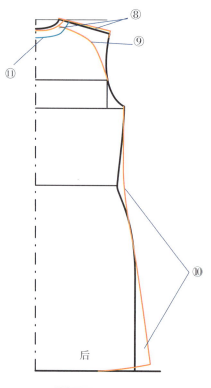

图 7-31

法国时装纸样设计　平面制板应用编

关于袖子的制板方法，请参考本书第116、第117页，"以上衣和袖子的基础样板为基础，制作插肩袖"的内容。

用透明拷贝纸，将前、后衣片样板的各个部件分别复制下来。

口袋样板的制作，请参考《法国时装纸样设计　平面制板基础编》一书。

翻领样板的制作，请参考《法国时装纸样设计　平面制板基础编》一书。

在完成的净样板上加1cm的缝份。

在样板上标记必要的对位刀口（图7-32、图7-33）。

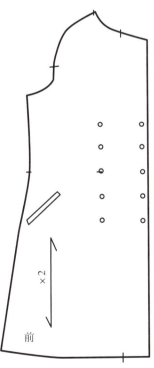

袖片样板

图 7-32

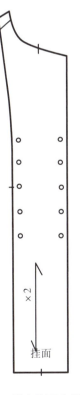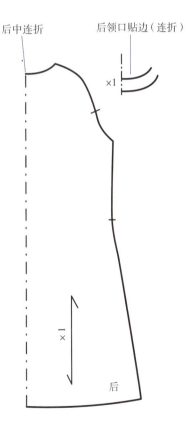

前、后衣片面布样板

图 7-33

七、插肩袖的款式

衬里样板

借用完成的大衣样板，制作衬里样板。

在大衣样板上重新画出分割线的上半部分（图7-30中④，图7-31中⑨），作为画领口贴边的参照。然后按图7-34中橘线所示，对样板进行修改。

① 一去掉后领口贴边、袖上口部贴边和前门襟挂面（这些部位用面料裁剪）。

② 一后中加宽2~3cm，折叠后形成褶裥（为了方便活动），与后领口贴边缝合在一起。

142

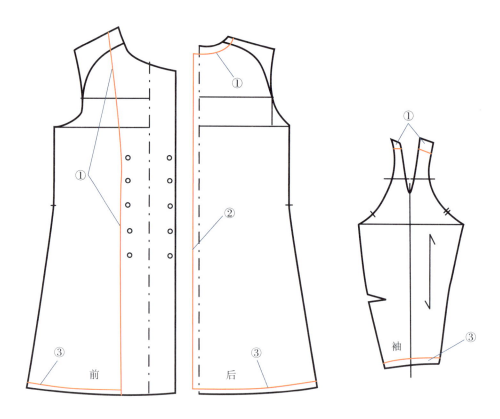

衬里样板

图 7-34

③ —减短衣长和袖长，缩减量约为折边量的1/2（如折边为5cm宽，则减短2.5cm），这样能确保缝合后，衬里不会长于面布。

样板修改过的部位需要加上1cm的缝份，包括：领口线、前衣片与挂面的拼合线以及衬里底边等。其余部位由于基础样板中已经包含了缝份，故不需再加了。

在样板上标记对位刀口，以方便日后的修正与缝合（图7-35）。

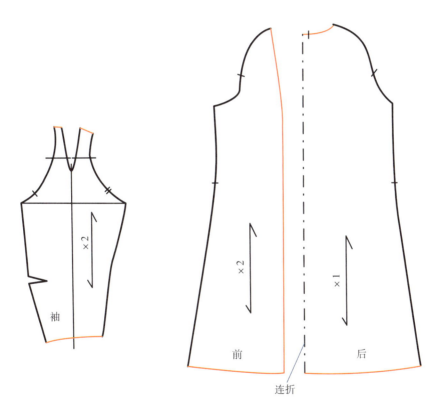

衬里样板

图 7-35

七、插肩袖的款式

加长青果领、插肩袖、直身短大衣

加长青果领、插肩袖、直身短大衣如图7-36所示。

根据所定尺寸，画出大衣的基础样板，并加上必要的松量。然后，按图7-37（前衣片）和图7-38（后衣片）所示进行样板变化。

前衣片

① —加前门襟，宽度不少于5cm。这个尺寸主要取决于纽扣大小和面料厚薄。然后，确定领子的宽度。

② —前领口加宽2cm，然后画青果领（更多的领子制板细节，请参考本书第27页的内容或者《法国时装纸样设计 平面制板基础编》一书）。

③ —从前领口宽点开始，沿着肩斜线，先画出袖子插肩部位的中缝线。与水平线呈45°角，画出袖子的中缝线，并量出袖长，再将肩点转折处画圆顺。然后，垂直于袖子中缝线画袖口线，量出袖口宽/2。

④ —在侧缝上，袖窿深线下落5~7cm，将袖子画完整。然后，从新的袖窿深点画直线连至袖窿弧线。

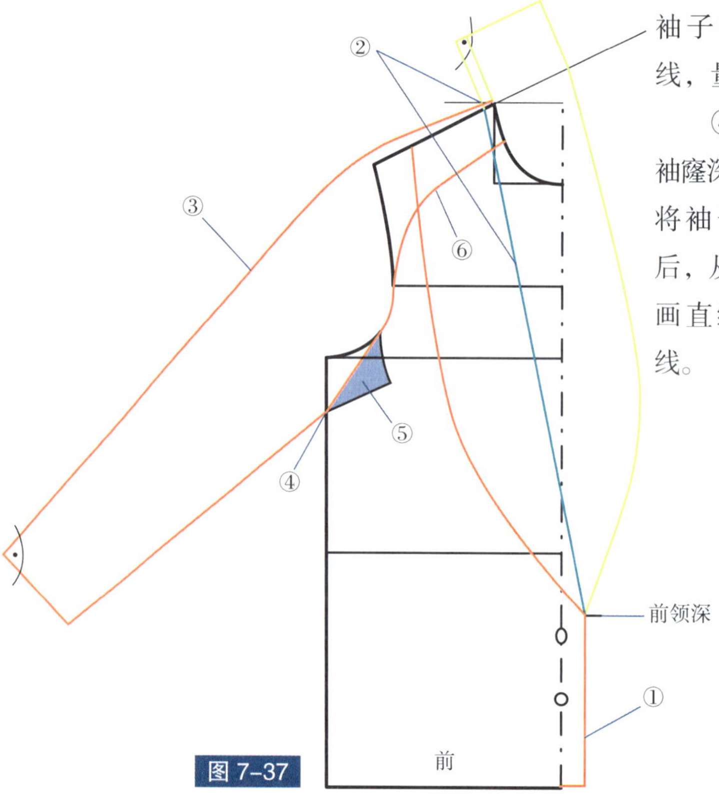

图 7-36

144

前领深

前

图 7-37

⑤ —对称画出袖底三角形（图7-37，蓝色部分）。

⑥ —从袖窿弧线与胸宽线的交点起，用弧线画出插肩部分的结构分割线，直至前领口（插肩部分的宽度约为10cm）。

后衣片

⑦、⑧、⑨ —制板的方法与前衣片相同，参考步骤③、④和⑤。

⑩ —从袖窿弧线与背宽线的交点起，画弧形分割线，直至后领口（插肩部位的宽度约为7cm）。

用透明拷贝纸，将前、后衣片样板分别复制下来（图7-39、图7-40）。

在完成的净样板上加1cm的缝份。大衣底边和袖口需要留出5cm的折边量。

为了方便修正与缝合，切记要在样板上标记对位刀口。

画后领口贴边和前门襟挂面。

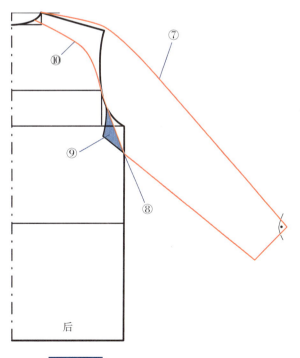

图 7-38

七、插肩袖的款式

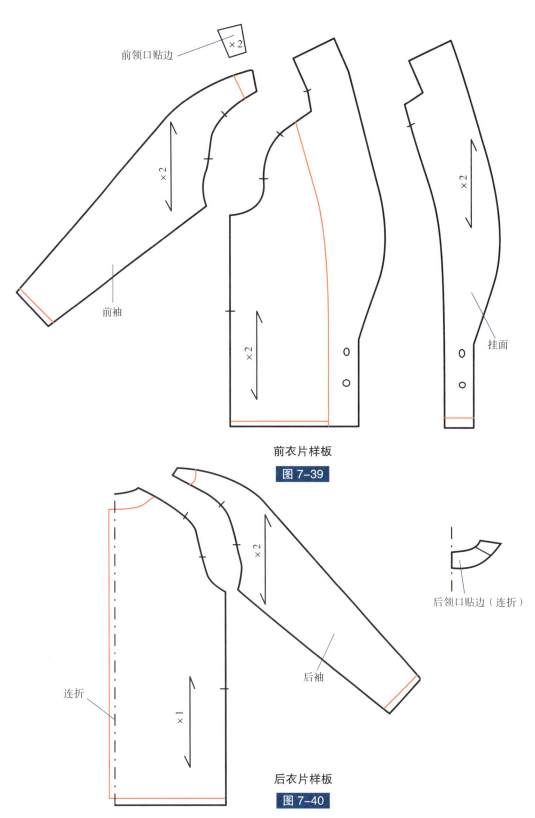

前领口贴边

×2

前袖

×2

×2

×2

前衣片样板

挂面

图 7-39

后领口贴边（连折）

×2

后袖

连折

×1

后衣片样板

图 7-40

146

法国时装纸样设计　平面制板应用编

衬里样板

借用完成的短大衣样板，进行局部调整后，来制作衬里样板（图7-39、图7-40，橘线所示）。

去掉后领口贴边和前门襟挂面（这些部件用面料裁剪）。

减短衣长和袖长，缩减量约为折边量的1/2（如折边为5cm，则减短2.5cm），这样能确保缝合后，衬里不会长于面布。

后中加出2~3cm，折叠后成为大的褶裥（增加活动量），然后与后领口贴边缝合在一起。

样板修改的部位需要加1cm的缝份，包括：领口线、前衣片与挂面的拼合线以及衬里的底边和袖口（图7-41、图7-42，橘线所示）。其余部位，由于作为基础的大衣样板已经包含了缝份量，所以不需要再加了。

在样板上标记对位刀口，以方便修正与缝合。

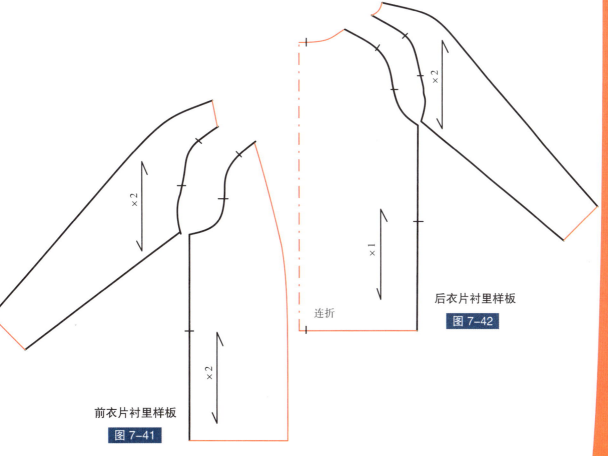

连折

后衣片衬里样板

图 7-42

前衣片衬里样板

图 7-41

147

八、裤子

在很长一段时间里，穿裤装是男士们的专利。

后来，因为它的舒适性和实用性，裤装渐渐被越来越多的女性所接受。而今天，在女士们的衣橱里，裤子已经变得必不可少了。

无论是经典款还是运动款，裁剪方法和面料选择的多样性，让裤装设计千变万化。

裤子的尺寸测量

制作裤子样板其实并不难，只要能正确测量尺寸即可。这就要求我们对人体体型有非常清楚的认识。 理论上说，裤裆的长度等于大腿的外长减去大腿的内长（图8-1），但是这种计算方式常常出错。因此，建议大家单独测量上裆长。

① 一大腿外长（即腰围高）
② 一膝位
③ 一大腿内长
④ 一上裆
⑤ 一大腿根围
⑥ 一膝围
⑦ 一踝围
⑧ 一前后裆长

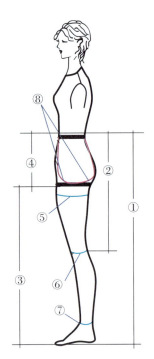

图 8-1

150

平均身高168~172cm的各部位尺寸

单位：cm

法国尺码	34	36	38	40	42	44	46	48	档差
裤　长	100	100	100	101	101	101	102	102	0.25
膝　位	58	58	58	58.5	58.5	58.5	58.75	58.75	0.10
内档长	74	74	74	74.5	74.5	74.5	75	75	0.10
上　档	24.5	25	25.5	26	26.5	27	27.5	28	0.50
大腿根围	54	55	56	57	58	59	60	61	1.00
膝　围	36	36.5	37	37.5	38	38.5	39	39.5	0.50
踝　围	20	20.5	21	21.5	22	22.5	23	23.5	0.50
前后档长	59	60.5	61	61.5	62	62.5	63	63.5	0.50

裤子基础样板的制作

这里使用的基础样板是标准尺寸。如果是度身定做，则需要根据穿着者的个人尺寸进行制板。

例如，臀围=94cm，上裆=26cm，腰围=70cm，膝位=58cm，臀高=20cm，膝围=36cm，裤长=100cm。

为了更好地理解裤子结构，请按照以下步骤制板（图8-2、图8-3）。

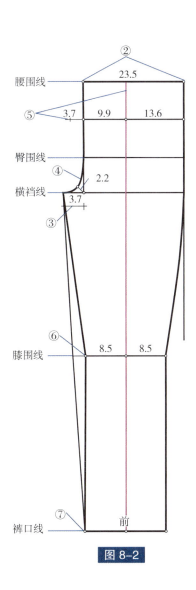

图8-2

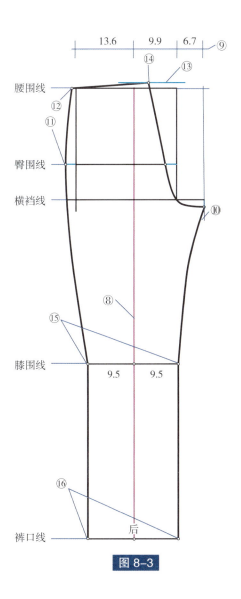

图8-3

① —按照尺寸，画出所有的水平结构线：腰围线、臀围线、横裆线和膝围线。

② —在腰围线上，量出臀围/4（94cm÷4=23.5cm），然后，向下画一条垂线至横裆线。

③ —从垂线在横裆线上的止点起，向左量出臀围/20，然后减去1cm，即94cm÷20−1cm=3.7cm。

④ —画90°夹角的平分线，然后量出2.2cm。借助曲线板，经过该点画裆部弧线，直至臀围线。

⑤ —将腹围/4长度与前小裆的宽度相加，再除以2，即（23.5cm+3.7cm）÷2=13.6cm。然后，从右侧的垂直结构线起，向左量出13.6cm，得到裤子烫迹线的位置（图8−2，紫线所示）。将尺寸标记在样板上，以便制作后裤片的样板。

⑥ —膝围/2减去1cm，然后再除以2，即（36cm÷2）−1cm=17cm，17cm÷2=8.5cm。以裤子的烫迹线为中线，向两边各量出8.5cm。

⑦ —按照设计要求，量出裤口宽，再减去1cm。

⑧ —画后裤片的烫迹线。然后延长前裤片的水平结构线：腰围线、臀围线、横裆线和膝围线。

⑨ —根据前裤片，分别量出13.6cm、9.9cm和6.7cm（6.7cm=臀围/20+2cm）。然后，画相应的垂直结构线。

⑩ —在最右侧的垂线上、横裆线下2cm处标记一点。

⑪ —在臀围线上，从最左侧的垂线向外量出3.5cm，并标记一点。

⑫ —在腰围线上，从最左侧的垂线向外量出1.5cm，并标记一点。

⑬ —在腰围线上方2.5cm处画一水平线。

⑭ —从点⑫起，向右量出腰围/4并加后腰省的量，省量约为2.5cm，连接至腰围线上的辅助结构线［如（70cm÷4）+2.5cm=17.5cm+2.5cm=20cm］。

⑮ —膝围/2加上1cm，然后除以2，即（36cm÷2）+1cm=19cm，19cm÷2=9.5cm。以裤子烫迹线为中线，向两边各量出9.5cm。

⑯ —量出裤口宽，再加上1cm。

注意：

根据款式要求，在制作裤子的基础样板时，不要忘记加上适当的松量，否则，可能会导致修改后的样板变形。

法国时装纸样设计　平面制板应用编

用弧线或者直线，将标记在垂直和水平结构线上的点连接在一起（图8-4）。

完成裤子的基础样板。

> **注意：**
>
> 　这里介绍的基础样板的制板方法，方便掌握，准确性高。同时，进行变化后所得的样板，更加符合人体结构。

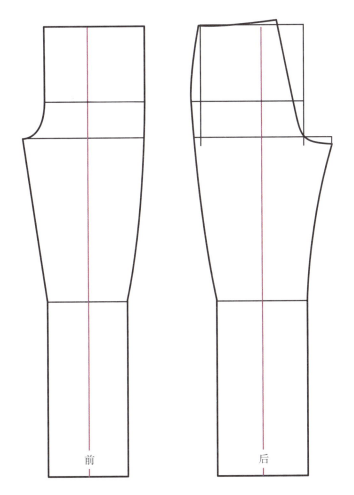

裤子基础样板

图 8-4

八、裤子

基础样板的修正

为某些特殊体型的人做裤子时，有些尺寸需要修改。

如果有些人的大腿较粗，那我们就要适当的调节大腿围尺寸（图8-5，绿线所示）。

如果实际测得的尺寸比样板尺寸大2~3cm，可以在裆底部裤腿分叉的位置加宽内缝线（前裤片和后裤片），并且从臀围线的位置加宽后裤片的侧缝线（图8-5，蓝线所示）。

如果实际测得的大腿围度比样板尺寸大很多（大于3cm），必须按照一定的比例调整前裤片和后裤片的裆线（图8-5，红线所示），并减小裆部的弧度。

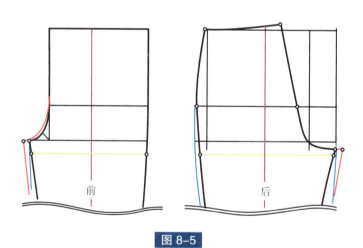

图 8-5

省道和腰围线

在省道分配时，要遵循一定的规律，以免打破线条的平衡，使裤腿中心偏移，即裤子的烫迹线不垂直。

臀围减去腰围，得到需要收掉的腰省量。这个量要分配给所有的省道，越是靠近裤子侧缝的省道，分配的量越少。

① —前中省：这个省并不是必要的，因为它是根据体型的需要而设（即腹部的大小）。一般来说，前中省的省量为 1~1.5cm，在试穿时，就要决定省的大小。但是，无论有没有这个省，在裁剪时，裤子的前襟都要保持斜丝缕，并有一定的松量，这样穿起来才会舒服（注意，不能拉长前裆线）。

② —前腰省：如果有必要，可以设多个前片省。省道位置可以在裤烫迹线上（图 8-6，红线所示），也可以靠向侧边（图 8-6，绿线所示）。每个省道的量一般都不超过 2cm。

③ —侧缝省：为了画前裤片侧缝省，要先画出侧缝弧线，弧线的形状要与后裤片的相同。如果侧缝省的量大于基础样板太多（如 1.5cm），需要先调整后裤片侧缝，然后再用透明拷贝纸画出新的前侧缝弧线。

④ —后腰省：打裤子基础样板的时候，这个省通常被定为 2.5cm，一般不会超过这个量。如果要收掉的量超过 2.5cm，那就需要多加几个省道，如一个在后腰正中，另一个在侧边。

⑤ —不是所有的情况都需要下落腰线，因为如同前中省，它是由穿着者的体型需要而定。

155

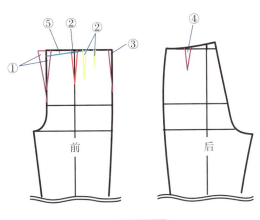

图 8-6

加松量

为了达到更好的穿着舒适性，需要以测量得到的人体净尺寸为基础，再加入一定的松量。松量的大小并不固定，而是根据款式不同（连衣裙、上衣、大衣、裤子）和面料质地的不同（轻薄或厚重）有所变化。

在变化基础样板的同时，加上松量。

图8-7是参考尺寸。如果要追求舒适性和美观性，必须根据不同穿着者的体型来决定制板的尺寸（详细说明请参考《法国时装纸样设计 平面制板基础编》一书）。

如果裤子是由前、后两裤片构成，那在制板时，每个裤片加入的松量等于总量的1/2；如果是由4片构成，那么每个裤片加入的松量是总量的1/4。

例如：

① 腰围加大2cm。裤子样板是由4片构成的，则 2cm÷4=0.5cm，每个裤片腰围加0.5cm（图8-7，紫线所示）。

② 臀围加大4cm，每个裤片臀围加1cm（4cm÷4=1cm）。

③ 横裆下落1.5cm。

④ 膝围和裤口不需要加松量，因为这两个尺寸主要取决于款式的需要。

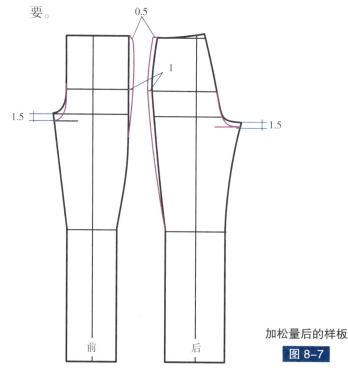

加松量后的样板

图8-7

法国时装纸样设计 平面制板应用编

折边

加上简单的折边，裤子的基础样板就完成了。折边的宽度一般不超过5cm。

图8-8（A）是经典的折边款。在裤长的基础上加折边，比对折边的形状，然后固定。

图8-8（B）是后裤片加长1~2cm的款式。这类裤口一般是通过熨烫定型[图8-8（C）]，很少在样板上画出。尽管如此，在制作基础样板时，仍然要预留出折边量。

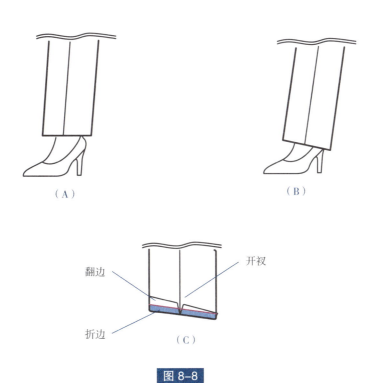

（A）　　　　　　　（B）

翻边　　　　　　　　　开衩

折边　　　（C）

图 8-8

注意：
　　建议在试穿时确定所有要做的修改和调整。

八、裤子

面料的伸缩性

紧身裤一般使用弹性面料制作。在剪裁的时候，按照面料的弹性方向放置样板。

为了正确制板，必须掌握面料弹性的伸缩性。

如果面料弹性等于或小于5%，在变化基础样板的时候可以不考虑改变尺寸。但如果面料弹性大于5%，就要按照以下的计算公式，缩小基础样板的尺寸。

例如：

面料弹性伸缩比率=12%，然后除以2，即12%÷2=6%。100%-6%=94%或0.94。

在裤子样板上（图8-9），从中心点开始（在膝围线上）画标记线，测量所有的围度线，并乘以0.94。

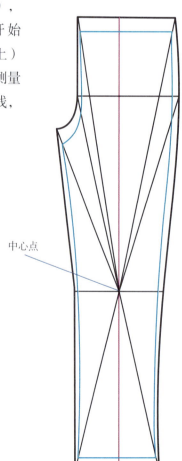
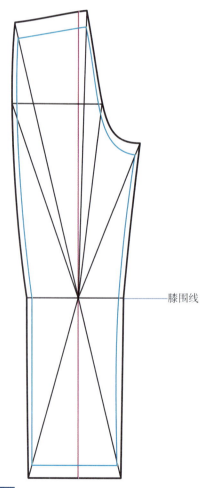

中心点

膝围线

法国时装纸样设计　平面制板应用编

裤子样板的推档

裤子样板的推档，是以厘米（cm）为计算单位的（请参考本书第19页"推档"）。

裤子样板的推档如下（图8-10）：

黑线，基础样板，40码

绿线，38码

蓝线，42码

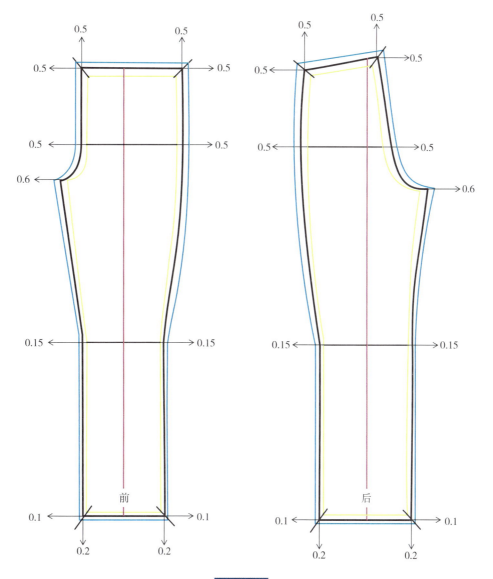

图 8-10

八、裤子

九、裤子的款式

　　这里不会讲解过多的细节问题，如口袋和腰头，而是侧重讲解如何变化基础样板，因为这更容易出现问题。

　　如同上衣样板，制作裤子的基础样板时不需要加松量（松量是在变化样板时加入的）。

　　至于一些局部细节的制板，请参考《法国时装纸样设计　平面制板基础编》一书。

图 9-1

162

紧身裤

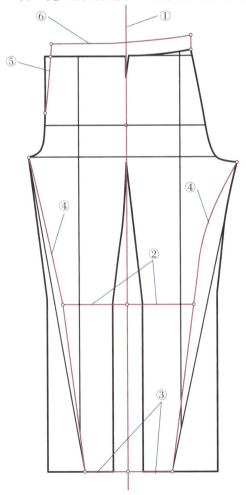

款式1

　　紧身裤如图9-1所示。这个款式没有侧缝线，并且采用弹性小于5%的面料。因此，在变化基础样板的过程中，无须加松量，也没有拼缝。

　　根据尺寸，画裤子的基础样板（不用加松量）。然后按照以下步骤，进行样板的变化（图9-2）。

　　① —画一条垂直线，将裤子前、后裤片基础样板如图9-2所示放置在垂直线两边，对齐臀围线、横裆线和脚口线。

　　② —以垂直线为中线，分别向两边量出膝围/2。

　　③ —裤口宽（脚踝围度/2）用同样的方法得到。

图 9-2

④ 一画紧身裤的下裆缝，从横裆底部直至裤口边（图9-2，紫线所示）。

⑤ 一腰围线在前中位置减去2cm，然后画直线与腰围线下10cm处的前裆线相交。

⑥ 一在腰围线上加5cm的缝份，这是为了最后缝松紧带。

完成后的紧身裤样板上没有侧缝线。

为了方便缝合，在样板上标记对位刀口（图9-3）。

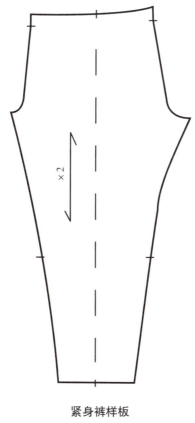

紧身裤样板

图9-3

九、裤子的款式

直筒裤

直筒裤如图9-4所示。首先根据尺寸画裤子的基础样板，并加上必要的松量。然后按照以下步骤进行样板变化（图9-5）。

①—在长裤烫迹线上，画前腰省，省长为8~10cm，省的大小根据臀腰差计算。

164

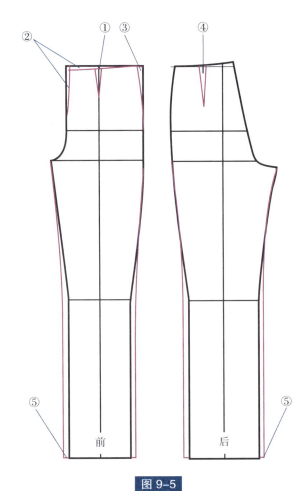

图 9-4

图 9-5

② —腰围线的前中下降1cm，合并前腰省之后，画新的腰围弧线；腰围线的前中向内减去1.5cm，然后从新的前中点画直线连至前裆线。

③ —画前裤片的侧缝线，要与后裤片的侧缝线相同。

④ —画后腰省，省量的大小取决于臀腰差。

⑤ —前裤口宽=裤口围/2−1cm，后裤口宽 = 裤口围/2+1cm。以裤烫迹线为中线，左、右各量出相同的长度。然后画直筒裤的下裆缝线和侧缝线。

直筒裤的腰头宽度为4cm。

裤子的插袋袋口位于侧缝线上，画出口袋的形状（详细的制板说明，请参考《法国时装纸样设计 平面制板基础编》一书）。

在完成的前、后裤片净样板上加1cm的缝份，裤口留出3~4cm的折边量。前中加宽2cm（长裤的前门襟），门襟长根据拉链的长度而定（约20cm）。

为了方便缝合，在样板上标记对位刀口（图9-6）。

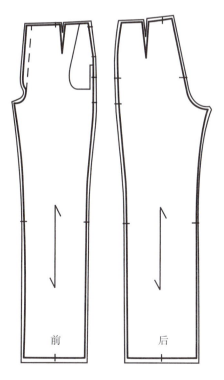

直筒裤完成样板

图 9-6

齐小腿肚窄裤

齐小腿肚窄裤如图9-7所示。

根据尺寸,画出裤子的基础样板,但不需要加松量,因为这个款式采用的面料弹力小于5%(具体细节请参考本书第158页"面料的伸缩性"内容)。

① —前裤片加一个侧腰省,省量不超过3.5cm。然后以新的前侧缝弧线作为参照,从腰围线到横裆线,画后裤片的侧缝线。

② —从新的前侧缝线开始,重新量出腰围/4。然后在前中位置,下落腰围线2cm,并连接前裤片的上裆弧线(图9-8)。

166

图 9-7

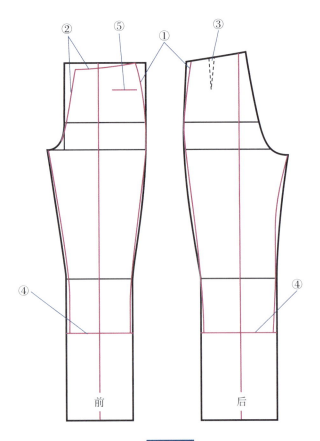

前　　　后

图 9-8

③ —如果腰围和臀围的差数较大，仅靠收侧缝省无法达到所需的腰围，则必须保留后腰省。

④ —确定裤子的长度（本款裤长定在膝盖下20cm处），然后根据款式，确定裤口宽度，前裤口宽需减去1cm，后裤口宽要加1cm。 画裤口线时，应该以裤烫迹线为中线左、右各量出相等的长度。

⑤ —将嵌线袋的位置定在前腹围线上（腰围线下10cm处），袋口的宽度要容许手掌轻松插入（约15cm）。关于口袋的详细制作方法，请参考《法国时装纸样设计　平面制板基础编》一书。

不要忘记在完成的净样板上加缝份量。

裤腰头的宽度为4cm。

拉链装在裤子右侧缝线上，长度为18~20cm。

为了方便缝合，在样板上标记对位刀口（图9-9）。

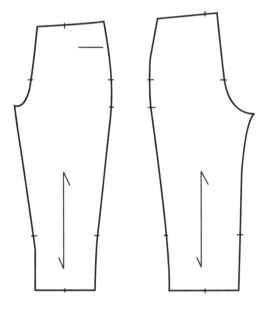

窄裤完成样板

图 9-9

九、裤子的款式

斜插袋、有褶裥长裤

此款长裤的前裤片有褶裥、斜插袋（图9-10）。首先根据尺寸画出长裤的基础样板，但不需要加松量。然后按照以下步骤进行样板变化（图9-11）。

①—在前中位置下落腰围线2cm，然后减去3cm。从新的前中点起，向侧边量出腰围1/4长和2个褶裥的量（如每个褶裥量为3cm）。然后，连接前中点和前裆弧线。

②—画出新的前侧缝线，形状要与后侧缝一致。在前裤片烫迹线的右边标记出2个褶裥的位置。

③—画斜插袋，袋口宽度为15~17cm，方便手轻松插入（口袋制板的详细说明，请参考《法国时装纸样设计　平面制板基础编》一书）。

④—后裤片腰省的长度在10~12cm，省的大小根据收腰的需要而定。

图 9-10

168

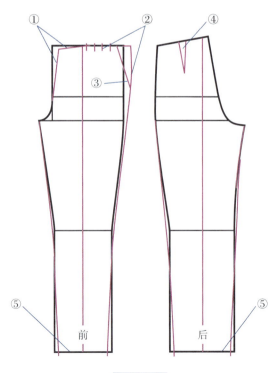

图 9-11

⑤ —根据款式，确定裤口宽度（本款定为17cm），前裤片的裤口宽减去1cm，后裤片加1cm。画裤口线时，应以裤烫迹线为中线左、右各量出相等的长度，然后用弧线连接。

在前、后裤片的净样板上加1cm缝份，裤口需留出5cm的折边量。

裤腰头的宽度定为4cm。

为了装拉链，在前中需加宽2cm门襟量，长度为18~20cm。

为了方便缝合，在样板上标记对位刀口（图9-12）。

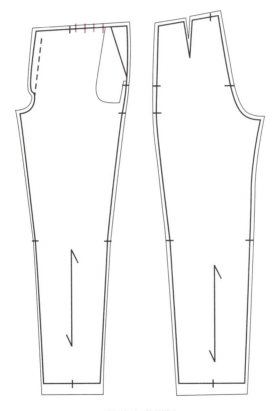

长裤完成样板

图 9-12

九、裤子的款式

喇叭裤

款式5

喇叭裤如图9-13所示。

根据所定尺寸，画出裤子的基础样板，并加上一定松量（如腰围+2cm，臀围+4cm，上裆+2cm）。然后按照以下步骤进行样板变化（图9-14）。

① 一腰围线前中减去2cm，然后，连接新的前中点和前裆弧线。

② 一前腰省的长度为9cm左右，省的大小根据收腰的需要进行计算。省道的位置，取决于人体曲线（如腹部凸起或扁平）。然后，画新的侧缝线，形状要与后裤片侧缝线一致。如果腰围和臀围的差数较大，可以增加一个侧缝省，省量平均分给前、后裤片。

③ 一后腰省长度在10~12cm，省量保持2.5cm。

170

图 9-13

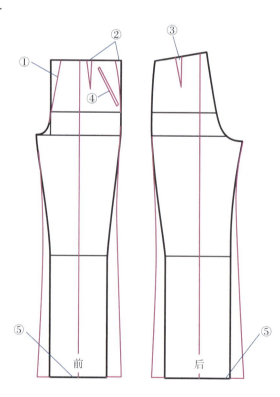

图 9-14

④ 一斜插袋的袋口宽度为15~17cm，这样手掌能够轻松插入（口袋制板的详细讲解，请参考《法国时装纸样设计 平面制板基础编》一书)。

⑤ 一根据款式要求，确定裤口宽度（本款定为25cm）。以裤烫迹线为中线向左、右两边各量出相同的长度。

前裤口宽的计算方法：50cm（裤口围）÷2=25cm，25cm−1cm=24cm，裤烫迹线两边各量出12cm。后裤口宽的计算方法：50cm（裤口围）÷2=25cm，25cm+1cm=26cm，裤烫迹线两边各量出13cm。

然后在脚踝的位置画出裤口弧线。注意弧线的弧度非常小。

在完成的喇叭裤净样板四边加1cm的缝份，裤口留出5cm左右的折边量。

画直的裤腰头。

为方便缝合，在样板上标记对位刀口。

如果拉链装在前中位置，则需要加出2cm宽的门襟量（图9-15）。拉链也可以装在右侧缝线上。

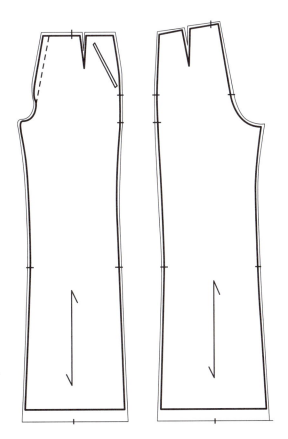

喇叭裤完成样板

图9-15

连身裤

连身裤如图9-16所示。首先根据所定尺寸，准备裤子的基础样板和上衣腰线以上部位的基础样板，并加上一定的松量（如胸围+8cm，腰围+6cm，臀围+8cm，上裆+2cm）。

按照以下介绍的步骤，进行基础样板的变化（图9-17）。

① —如图9-17所示将裤子的基础样板和上衣的基础样板放在一起，然后在前中到臀围线的位置上加门襟，宽度约为3cm。

② —确定前领深，画出所要的领型。定出肩带的宽度后（约5cm）加入一定松量，画袖窿弧线。

③ —前片和后片袖窿深线均下降5cm左右。

④ —将上衣的前腰省位置做微调，以便与裤烫迹线在同一条直线上。然后根据收腰的需要，计算出裤子前腰省和侧缝省的大小。接着，将上衣和裤子的侧缝线连接起来。

⑤ —画上衣的后袖窿弧线和后领口弧线，后片肩带的宽度要与前片肩带保持一致。

⑥ —在上衣的后中位置加一个省道，并连接至后裆弧线。计算上衣后中省和裤子后中省的大小。

图 9-16

172

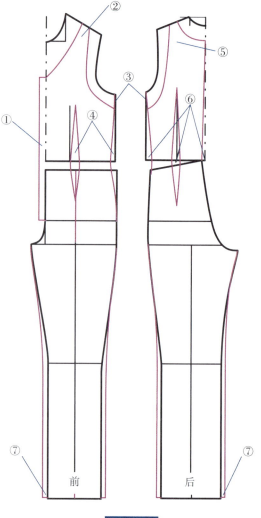

前　　后

图 9-17

⑦ 一根据款式，确定裤口宽度（如25cm），然后减去1cm得到前裤口宽，加上1cm得到后裤口宽。以裤烫迹线为中线向左、右两边各量出相同的长度。然后，在脚踝的位置，画出完整的裤口弧线，注意弧线的弧度非常小。

在完成的连身裤样板上，画出前中挂面（比前门襟宽1cm）、领口贴边和袖窿贴边，然后用透明拷贝纸分别复制下来（图9-18）。

在净样板上加1cm的缝份，裤口留出约5cm的折边量。

为了方便缝合，在样板上标记对位刀口。

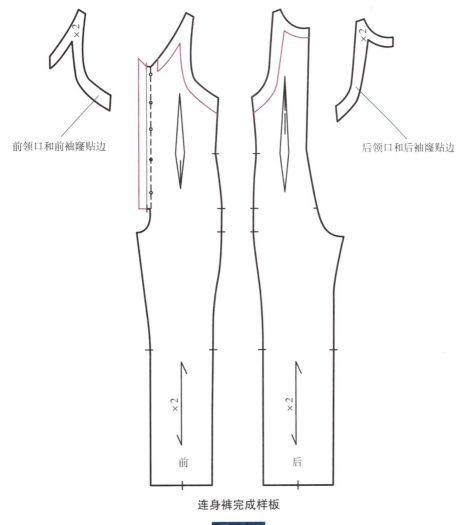

前领口和前袖窿贴边   后领口和后袖窿贴边

连身裤完成样板

图9-18

短裤

短裤如图9-19所示。首先根据所定尺寸，准备裤子的基础样板，并加上一定的松量（如腰围+10cm，臀围+14cm，上裆+3cm）。然后按照以下步骤，进行基础样板的变化（图9-20）。

① —腰围线前中减去1~2cm，然后连接新的前中点和上裆弧线。这样做是为了避免裁剪时，裤子的前中线是直丝缕，从而导致腿部的活动受限。

② —画前侧缝线，形状要与后侧缝线一致。

③ —确定短裤的长度（本款在横裆线下20cm左右），然后将侧缝下端画成圆角。

可以采用以下三种方法来制作有弹性的短裤腰头：

■ 直接采用3~4cm宽的松紧带做裤腰头。由于短裤腰部设计有碎褶，用松紧带收紧后，才能达到所需的腰围（即松紧带原来的长度）。

■ 裤腰头单独画，宽度为3~4cm，长度等于腰围。然后将松紧带缝在裤腰头上，松紧带的长度等于实际腰围。

■ 在短裤腰围线上加5cm的折边量，折叠后将松紧带夹在中间。

图 9-19

174

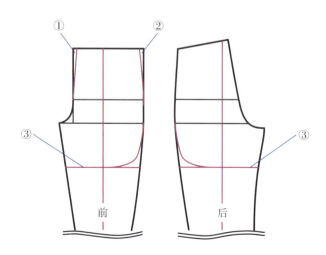

图 9-20

在净样板上加1cm的缝份。

为了方便修正与缝合，在样板上标记对位刀口，并在侧缝线上标记缝线止点（即确定侧开衩的高度，图9-21）。

短裤裤口可以采用1cm的折边。但是为了让边线看上去更精致，也可以在前裤片和后裤片都加上不少于3cm的贴边（图9-21，紫线所示），或在裤底边加一条斜裁的织带。

用透明拷贝纸复制贴边（图9-22），并在四边加上1cm的缝份。

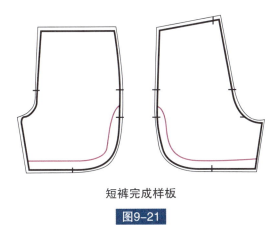

短裤完成样板

图9-21

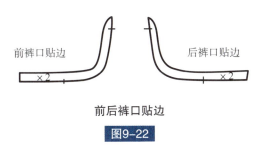

前裤口贴边　　　　　后裤口贴边

前后裤口贴边

图9-22

背带裤

背带裤如图9-23所示。首先根据所定尺寸，准备裤子的基础样板和上衣的基础样板，并加上一定的松量（如胸围+16cm，臀围+16cm，上裆下落3cm）。然后按照以下步骤，进行基础样板的变化（图9-24）。

对齐中线，将上衣前、后衣片的基础样板和长裤的基础样板如图9-24所示放在一起。

① —先画出背带裤上半部分的前片，在侧缝处加上门襟，用于缝纽扣，宽度约5cm。

② —按照前侧缝线的高度，画水平线，得到背带裤上半部分的后片。

图 9-23

176

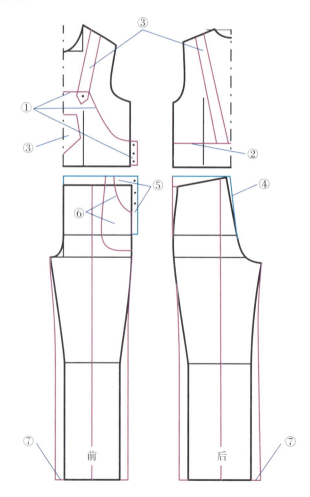

图 9-24

前　　后

③ —在背带裤上半部分的前、后片样板上画出背带和前中贴袋。

④ —为了确保背带裤上半部分与长裤的围度一致，可以加长背带裤上半部分的后侧缝线和后中线，后中线连接至臀围线。然后，提高裤子的腰围线至水平线位置（图9-24，蓝线所示）。

⑤ —在前裤片上加门襟，宽度与上半部分门襟相同。然后，调整前腰线的高度，与后腰线保持在同一水平线上（图9-24，蓝线所示）。

⑥ —画裤子的口袋，注意袋口的宽度要能让手掌轻松插入（详细说明，请参考《法国时装纸样设计　平面制板基础编》一书）。

⑦ —根据款式，定出裤口的宽度。以裤子烫迹线为中线向左、右两边各量出相等的长度。然后，在脚踝位置画出裤口弧线，注意弧线的弧度非常小。

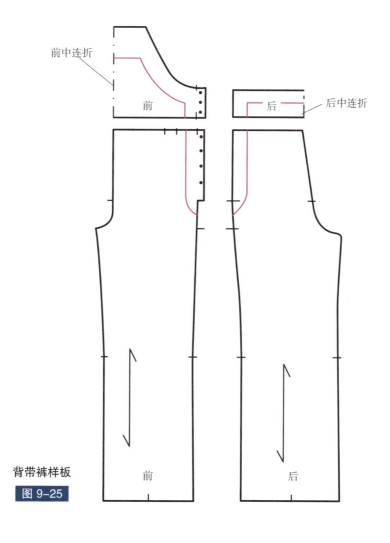

前中连折

前

后

后中连折

背带裤样板

图 9-25

画出背带裤上半部分前、后片的贴边（图9-25，紫线所示），然后用透明拷贝纸复制（图9-26）。

在完成的净样板上加1cm的缝份，裤口留出3~5cm的折边量。

为了方便修正与缝合，在样板上标记对位刀口。

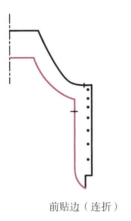
前贴边（连折）

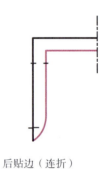
后贴边（连折）

背带×4

贴袋×1

袋布及贴边×2

背带裤样板的零部件

图 9-26

低裆裤

款式9

低裆裤如图9-27所示。根据所定尺寸，准备裤子的基础样板，但不要加松量。然后按照以下步骤，进行基础样板的变化（图9-28）。

① 一在前裤片上加一个侧缝省，省量不超过3cm，并画侧缝线直至臀围线。腰围线的前中点下降3cm，然后从侧缝省往前中方向量腰围/4，画腰围弧线。连接新的前中点和臀围线。

② 一画后侧缝线，形状与前侧缝保持一致。

③ 一画斜插袋的袋口。

完成了第一步的样板修正后，在另外一张打板纸上，画一条呈45°斜直线（斜裁）。然后将左前裤片和右前裤片如图9-29所示放在斜直线两边。

图 9-27

179

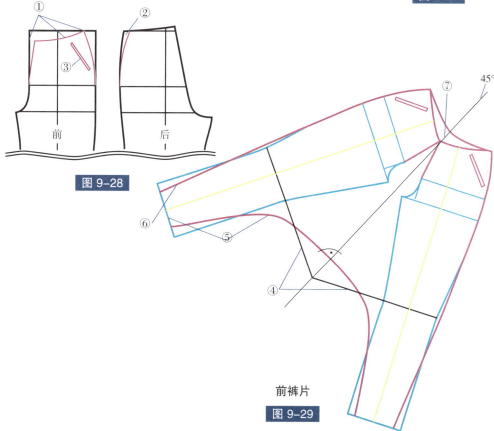

前

后

图 9-28

45°

前裤片

图 9-29

④ —左前裤片和右前裤片与斜直线的距离必须一致。膝围的尺寸不宜超过50cm，否则两腿之间的面料会太多。

⑤ —根据款式，确定裤口宽度。以裤烫迹线为中线向左、右两边各量出相等的长度。用弧线连接左、右两裤腿裤口内侧点，同时注意前、后裤腿拼缝处需保持直角。

⑥ —用直线连接裤口至臀围线，即裤子的侧缝线。

⑦ —提高腰围线中点约5cm。

⑧ —用透明拷贝纸复制前裤片和一条呈45°的斜直线（作为后裤片）。

⑨ —然后将左后裤片和右后裤片如前裤片一样放置（图9-30）。

⑩ —画裤口弧线。后裤片的侧缝线和腰围线的制板方法与前裤片相同（图9-30）。

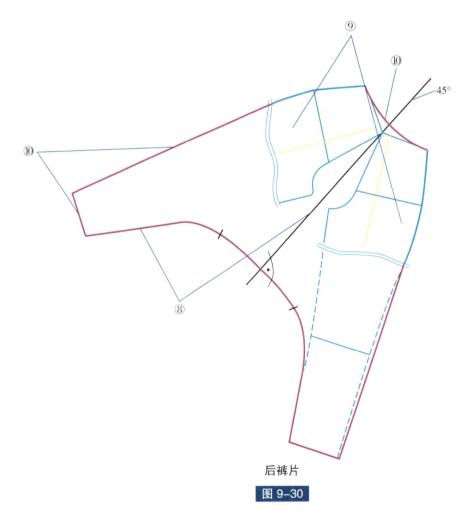

后裤片

图9-30

法国时装纸样设计 平面制板应用编

斜插袋样板的制板方法，请参考《法国时装纸样设计 平面制板基础编》一书。

在右侧缝装拉链，因为此款裤子没有前烫迹线，也没有后烫迹线。

裤腰头的宽度为4cm。

在裤子的下裆缝上标记对位刀口。因为在剪裁时，前裤片的中缝呈45°斜丝缕，所以在缝合过程中，后裤片中缝的刀口位置必须与前裤片的刀口位置吻合（图9–31、图9–32）。

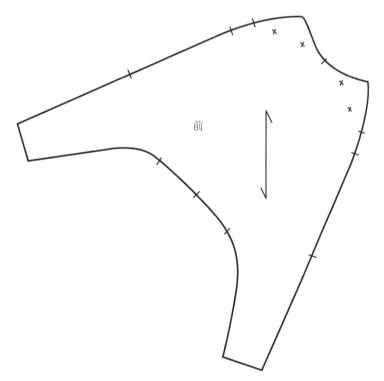

低裆裤前裤片完成样板

图 9–31

此款裤子要用斜裁，还有另外几个原因：

■采用斜裁，就不需要再加腰省。

■采用斜裁，面料的悬垂性会更好，裆部的造型也更漂亮。

如果使用条纹面料或格子面料，为了达到更好的外观效果，这个款式也可以采用直丝缕来裁剪。前裤片样板与后裤片样板基本一样，唯一差别是裤腰高度：调节腰围线（图9-32），后裤片如果采用直丝缕，则需要加腰省（图9-33）。

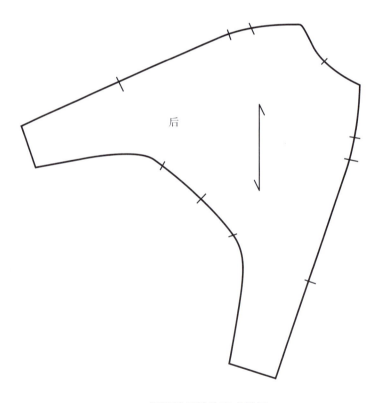

低裆裤后裤片完成样板

图 9-32

案例：采用直裁方法的连裆裤

根据所定尺寸，准备裤子的基础样板，加上必要的松量。

加前中省、前腰省、侧缝省和后腰省（图9-33），省的大小取决于收腰的需要。

画一条垂直线，将左后裤片和右后裤片放置在垂直线的两边，两裤片到垂直线的距离相等（图9-34）。然后画后裤片的下档缝（图9-34，紫线所示）。用透明拷贝纸复制前裤片（或后裤片）。接下来的制板步骤，与斜裁的方法相同。

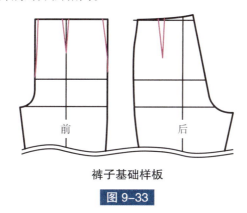

裤子基础样板

图 9-33

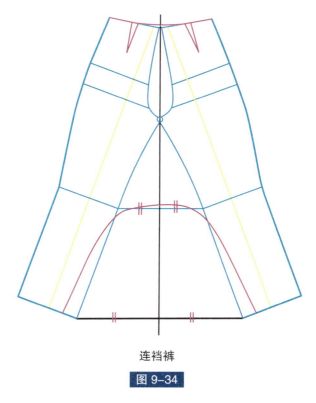

连档裤

图 9-34

灯笼裤

灯笼裤如图9-35所示，其样板的主要变化在于裤口。

首先根据所定尺寸，准备裤子的基础样板，并加上必要的松量（如腰围+2cm，臀围+4cm，上裆下降2cm）。然后按照以下步骤，进行基础样板的变化（图9-36）。

① 一腰围线前中减去2cm，然后连接新的前中点和上裆弧线。

② 一画后侧缝线，形状要与前侧缝线一样（侧缝省）。

③ 一加上前腰省和后腰省，省的大小取决于收腰量。

④ 一画斜插袋，袋口的大小要能够让手掌方便插入（15~17cm）。详细的制板方法，请参考《法国时装纸样设计 平面制板基础编》一书。

图 9-35

184

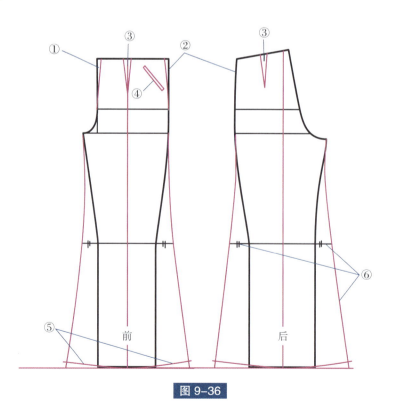

前　后

图 9-36

⑤ —根据款式，确定裤口宽（如25cm），前裤口宽减去1cm，后裤口宽加上1cm，以裤烫迹线为中线向左、右两边各量出相等的长度。要确保裤子侧缝线与底边的夹角为直角，否则缝合后，会有尖角出现。

⑥ —在脚踝的位置画出裤口弧线。同时，根据新的裤口宽，加大膝围，注意左、右两边加出的量要一致。

在裤子的右侧缝线上装拉链。

画直的窄条，作为灯笼裤的收口。窄条的长度等于脚踝的围度（如25cm），宽度根据款式需要而定（如10cm）。

在净样板的四边加1cm的缝份。

在样板上标记对位刀口（图9-37）。

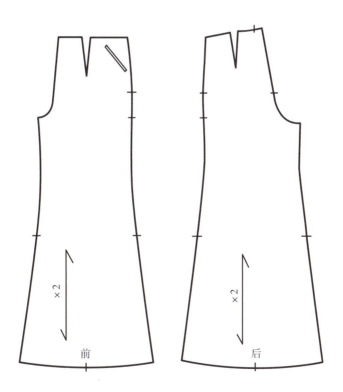

灯笼裤完成样板

图9-37

九、裤子的款式

牛仔裤

这里介绍的是非常有代表性的牛仔裤款式（图9-38），取消了腰省，将前、后裤片的省道转移至结构分割线中。首先根据所定尺寸，准备裤子的基础样板，并加上必要的松量，然后如图9-39所示，进行基础样板的变化。

① —在裤子的基础样板上加腹围线，位于腰围线下约10cm的位置。这条辅助线是变化样板的重要参照线：分割线位置、口袋位置、省道转移的位置都与它相关。

② —腰围线前中减去1.5cm，然后连接至前裆弧线。按照前裤片的侧缝弧线画后裤片侧缝（侧缝省）。然后画前腰省和后腰省，省的大小取决于收腰的需要。

③ —画结构分割线（图9-39，蓝线所示），然后用透明拷贝纸复制前、后裤片的上半部分（育克）。

186

图 9-38

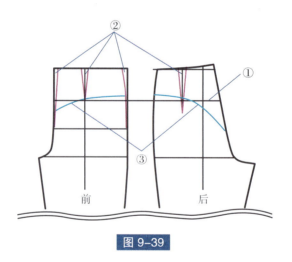

前　　　后

图 9-39

④ —合并省道后，用另一张透明纸重新复制裤子的上半部分（图9-40、图9-41），并形成最终结构图（图9-42）。

其余的制板步骤，请参考前面所介绍的款式。

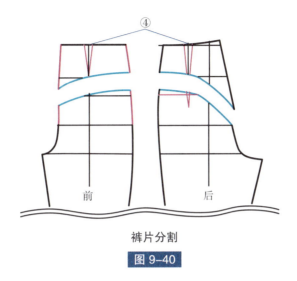

裤片分割

图9-40

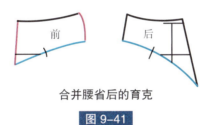

合并腰省后的育克

图9-41

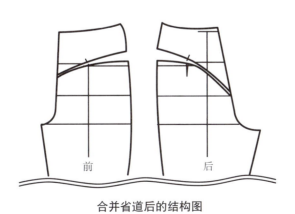

合并省道后的结构图

图9-42

低腰裤

低腰裤如图9-43所示。首先根据所定尺寸，准备裤子的基础样板，并加上必要的松量。然后如图9-44所示步骤，进行基础样板的变化。

因为是低腰款式，所以制板方法与低腰裙的制板方法一样，请参考《法国时装纸样设计　平面制板基础编 》一书。

① —画腹围线（腰围线下约10cm处）。这本不是一条主要结构线，但对于变化样板来说是一条非常重要的参照线：分割线位置、口袋位置、省道转移都与它有关。

② —腰围线前中下降1.5cm，同时减去1.5cm，连接新的前中点和前裆弧线。然后，按照前裤片侧缝弧线画后裤片侧缝（侧缝省）。画前腰省和后腰省，省的大小取决于收腰的需要。

188

图 9-43

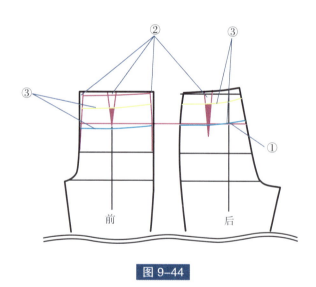

前　　　　　后

图 9-44

③ —画分割线。

这里介绍两种分割形式：

■在腰围线下约5cm处加分割线（图9-45，绿线所示）。这种情况下，要保留腰省的省尖。

■在腹围线处（腰围线下10cm）加分割线（图9-46，蓝线所示），省道在合并后就基本看不到了。这种情况直接绱腰头即可。

其余的制板步骤，请参考前面所介绍的款式。

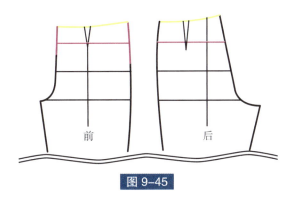

图 9-45

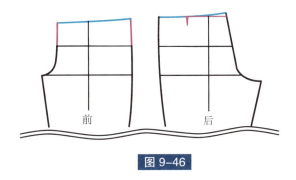

图 9-46

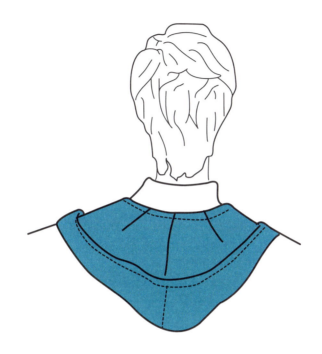

十、连帽

　　所有上衣都可以变成连帽款式。但有一些款式，需要我们仔细推敲，如有挡风遮雨功能的帽子，因为这种帽子必须适合所有的头型。

　　除了功能性，帽子还必须具备舒适性和美观性，所以帽子要能完美地吻合领口弧线，这就要求我们在制板时非常精确。

　　如果帽子具有夸张的装饰效果（悬垂或者非常大），那么用立体裁剪的方法会比平面制板更加有效。

经典连帽

连帽与领口吻合，既具有挡风遮雨的功能性（尤其适用于运动上衣、外套），又能增添设计感。

由于功能不同，连帽的形状、体积和开口大小也会有所不同。帽子可以直接缝合在衣服上，也可以用纽扣、尼龙搭扣或者拉链连接。但无论连帽的款式如何，结构还是取决于前、后衣片的领口弧度和尺寸。

如图10-1、图10-2所示，放置上衣的前衣片和后衣片。

① —在肩线上加宽前领口2~3cm（这个尺寸取决于款式和面料的质地）。然后，在领子的后中线上标记领口与水平辅助线的中点。用弧线连接中点和加宽后新的领口点。

② —在前中线上标记前领口和水平辅助线的中点，连接该中点和加宽后的前领口。然后，在连线上量出前领口的长度（沿前领口弧线），领口长度要保持基本不变（即在±1cm的范围内）。

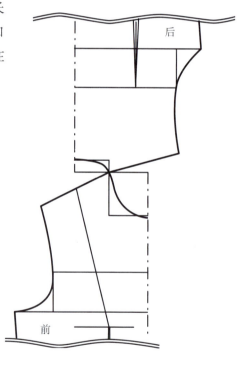

图 10-1

法国时装纸样设计　平面制板应用编

③ ——为了画连帽的形状，首先在距离后中线3cm处画一条平行于后中线的直线，定出连帽的高度（如35~40cm）。然后画一条水平线，量出帽宽（如30~35cm）。最后，画垂直线框定的帽子形状。

④ ——如图10-2绿线所示，画出连帽的轮廓，画左上方的直角的等分线，并量出5~7cm，然后用曲线尺画圆顺（图10-3）。

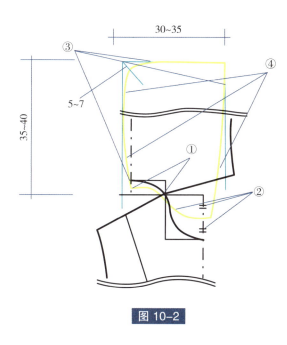

图 10-2

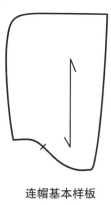

连帽基本样板

图 10-3

十、连帽

十一、连帽的款式

这里介绍的每种连帽款式，都采用了不同的制板方法，因为没有一个基础样板可以适用于所有的款式。连帽款式是根据领口的形状和后背的倾斜角度决定的，这两点对于正确制板非常重要。

图 11-1

加宽领口、前双排扣、连帽领

加宽领口、前双排扣、连帽领如图11-1所示。

此款式是在上衣领口的基础上画连帽领。请按照以下的步骤制板（图11-2）。

① 一前中加门襟（宽度10~12cm，因为帽子直接连在领口上，如果门襟过宽，在扣上纽扣之后会过多的遮挡脸部）。

② 一在肩线上加宽领口1.5cm，并画出前领口弧线。

③ 一确定后领口长度，然后画后领口弧线的垂直线，定出连帽的高度（如35~40cm）。

如图11-2所示，三种不同颜色的线条（蓝色、橘色、绿色）代表三种可能的后领口线：与水平结构线的夹角越小（依次是橘色、绿色、蓝色），帽子越窄小；相反，夹角越大，帽子越贴近肩线。

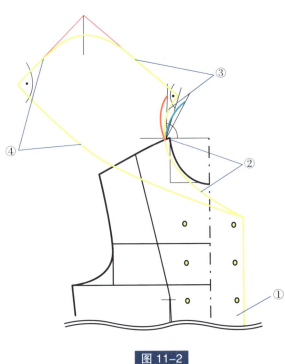

图 11-2

法国时装纸样设计 平面制板应用编

④ 一画帽子高度线的垂直线，并确定帽宽（如25~30cm）。然后，用弧线连接至前门襟，帽口保持直角。在右上角的等分线上量出5~7cm，用曲线板画圆顺。

在剪裁时，须沿着面料直丝缕的方向放置样板。

连帽的衬里可以采用相同的面料来制作，也可以用里料。

最后不要忘记在净样板上加1cm的缝份，并标记对位刀口（图11-3、图11-4）。

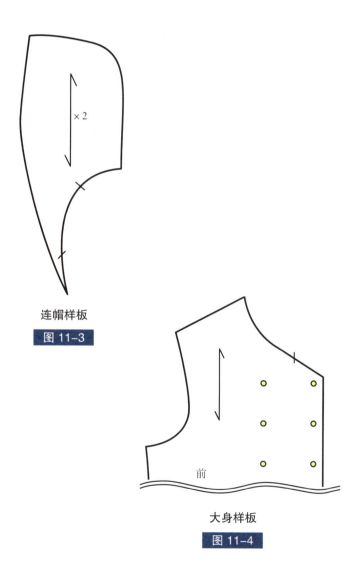

连帽样板

图 11-3

大身样板

图 11-4

十一、连帽的款式

图 11-5

平贴在背部、有省道、可拆卸连帽
款式2

此款为可拆卸的连帽款式，帽子用纽扣连接在领子上（图11-5、图11-6）。

首先准备上衣前、后衣片的样板（图11-7）。

① —在肩部水平辅助线两边，如图11-7所示放置前、后衣片。然后从领驳头起，用透明拷贝纸绘制领口弧线，距离实际的上衣领口弧线约1cm（图11-7，绿线所示）。

② —定出连帽的高度，并画出轻微的弧度（如35~40cm）。然后，画帽子高度线的垂直线，确定帽宽（如25~30cm）。

图 11-6

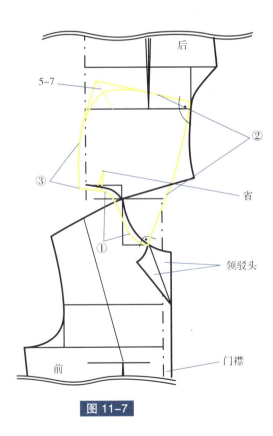

图 11-7

法国时装纸样设计 平面制板应用编

③ —从帽子的顶点向内量出5~7cm，然后画圆顺。用弧线连接至后领口中点，并延长2cm。最后，为了让帽子看上去更服帖，在后领口弧线的中点处加一个省，省的大小为1.5cm。

由于帽子是可以拆卸的，所以要在帽子和上衣的样板上标明纽扣位置：后中线、肩线和前衣片。

连帽如果加衬里可以采用里料，也可以采用上衣面料。

在净样板上加1cm的缝份，并且标记缝合的对位刀口（图11-8）。

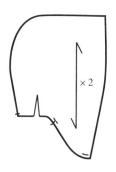

可拆卸连帽完成图

图 11-8

十一、连帽的款式

基础连帽

基础连帽如图11-9所示。

以上衣的前、后领口为基础，画帽子样板（图11-10）。

① —延长前衣片的门襟，但不能超过4cm。

② —在肩线上，距离颈部（领口）4~5cm处做标记。这段距离取决于帽子相对颈部的倾斜角度：距离越大，帽子越贴近肩线。然后用透明拷贝纸复制前领口的上半部分，直至刚才所标记的点。

200

图 11-9

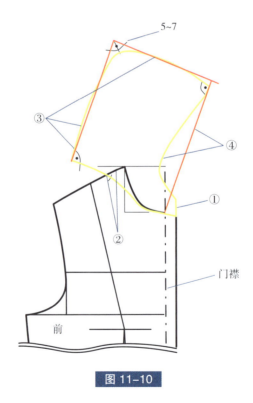

图 11-10

③ —从标记②起，延长连帽的底边，并确定后领口/2长度。然后，画帽子延长线的垂直线，确定帽子的高度。再画帽子高度线的垂直线，定出帽宽。然后在帽子尖角的平分线上量取5~7cm，并将帽尖画圆顺。

④ —画一条连接至领口的前中的直线作为参照，然后，从前门襟开始，画连帽的帽口轮廓线。注意，这条线是有一定弧度的，这样在戴上帽子后，才不会遮住穿着者的面部。

帽子衬里可以选择用里料，也可以采用上衣面料。

在完成的净样板上加1cm的缝份，同时标记对位刀口（图11-11）。

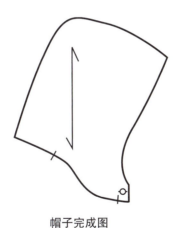

帽子完成图

图 11-11

十二、披风

披风是一种外衣的款式。它包裹着身体和手臂，没有袖子，仅有两个开口方便手臂伸出。披风可以加领子，也可以加帽子。

南美牧人风格披风和"托加"（古罗马人穿的宽外袍），是直接用正方形和长方形的布裁剪而成的。除此以外，所有款式的披风（直身的、宽松的、流线型的）一般都是借用上衣的基础样板变化而成，由于披风要保持服装的平衡性，因此肩线必须有一定的倾斜度。

披风的基础样板

在制作披风样板时，为了有较好的平衡感，会借用上衣样板进行变化。而肩线的倾斜角度和位置决定了披风的外观（图12-2）。

另外，还应补充一个尺寸，这在制板时至关重要，即手臂下垂后连同胸围，得到的身体总的围度（图12-1）。

① 一身体总围度减去胸围后，再加上必要的松量（2~3cm）然后除以4，就得到了前衣片样板需要额外增加的宽度（即用来容纳下垂手臂的空间量）。后衣片样板的围度则需要比前衣片多加1cm，这样后衣片与前衣片的尺寸才会一致。

例如：身体总的围度–胸围=27cm，松量=3cm，27cm+3cm=30cm；30cm÷4=7.5cm，即前衣片加上7.5cm，而后衣片加上7.5cm+1cm=8.5cm。

② 一画披风的肩线，肩斜角度与上衣相同。然后，延长肩线，画弧线至①点。

图 12-1

③ —在完成的披风样板上，标记肩端点对位刀口和胸围线上的对位刀口，以免在缝合过程中发生不对称的情况。

④ —如果要让手臂可以伸出，通常将开口位置设在腰围线以下、更靠近前腰省的地方，可以是垂直开口，也可以是斜开口（图12-2）。

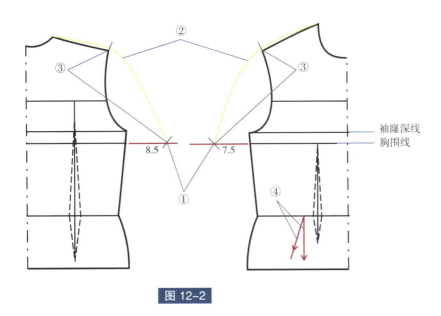

袖窿深线
胸围线

图 12-2

胸围线最外端所标记的点，既表明了最小松量值，也是画前侧缝和后侧缝的参照点。

用上衣的基础样板作为基础进行变化，可以满足不同披风款式的制板。

十二、披风

十三、披风的款式

　　这里介绍的所有披风款式，如直身披风、斜裁的宽摆披风（阿拉伯式斗篷）、南美牧人风格披风等，都将用到前面介绍的基本制板方法。只要掌握了基本方法，就可以轻松完成更多其他的款式。

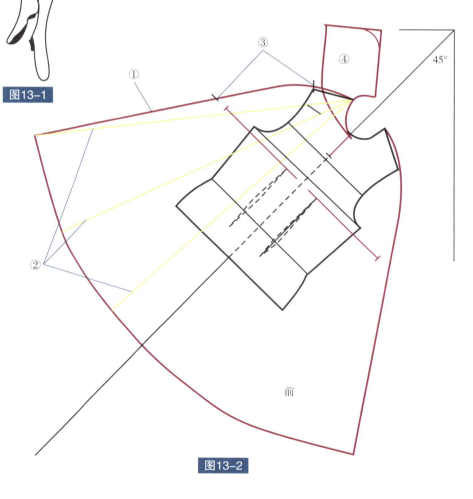

阿拉伯式斗篷

款式1

我们以本书第204页所介绍的披风样板为基础进行样板变化，得到这款斜裁的宽摆阿拉伯式斗篷，如图13-1所示。

为了使披风下摆的悬垂效果更好，在裁剪时，可以采用45°斜裁（图13-2）。

① —确定披风的长度和宽度。披风的宽度不应小于加了松量后的胸围宽。

② —检查披风的长度。可以使用软尺，从领口与肩线交点的位置起，拉几条等长的直线至底边（图13-2，绿线所示）。

208

图13-1

45°

前

图13-2

③ —标记肩线和胸围线的对位刀口。这对于缝合后保持披风的平衡感至关重要。

④ —以前衣片的领口为基线，画连帽样板（具体的制板方法，请参考本书第200页内容）。

画披风后衣片的样板，方法与前衣片相同（图13-3）。

也可以只画前衣片/2和后衣片/2。在这种情况下，裁剪时要将面料对折（图13-4）。

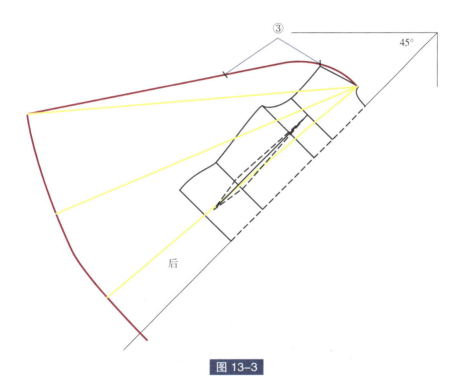

图 13-3

十三、披风的款式

在完成的净样板上加1cm的缝份。

如果有衬里，可以借用披风的样板来裁剪（详情请参考《法国时装纸样设计　平面制板基础编》一书）。

前中开口要加2~3cm宽的门襟。

由于采用斜裁，某些面料在缝制过程中会变形，因此经常用披风的基础样板来校正轮廓非常必要。

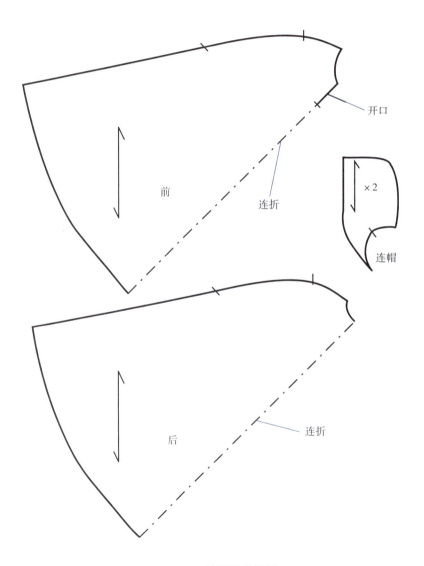

披风完成样板

图 13-4

翻领、插肩分割、直身披风

我们以本书204页所介绍的披风样板为基础进行样板变化，得到的款式如图13-5所示，具体制板步骤如图13-6所示。

① —前中加宽5~7cm（这个宽度取决于面料质地和纽扣的大小）。

② —确定披风的长度和宽度。

③ —画披风的侧缝线。其与垂直辅助线的夹角应小于45°，否则容易不平服（如果要将披风加宽，必须沿结构分割线剪开，将前衣片和前侧衣片分开，然后再加入松量）。

确定侧缝开衩的高度，约在25~30cm处（图13-6，蓝线所示）。

图 13-5

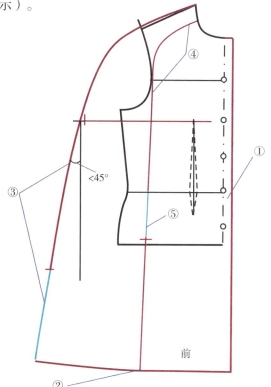

前

图 13-6

④ 一画前衣片的结构分割线（图13-6）。分割线从前领口画起，与袖窿相交于胸宽线的位置，然后垂直向下延伸至底边（与肩线的平行间距为7~10cm）。

⑤ 一在结构分割线上标明开口，以便手臂可以伸出。通常开口的位置在腰围线以下，开口长度为17~20cm（图13-6，蓝线所示）。

用同样的方法，制作后衣片的样板（图13-7）。

⑥ 一按照前衣片开衩的高度，画后衣片的开衩。

⑦ 一从后领口开始，画后衣片的分割弧线，与袖窿相交于背宽线的位置，然后垂直向下延伸至底边（与肩线的平行间距为5~8cm）。

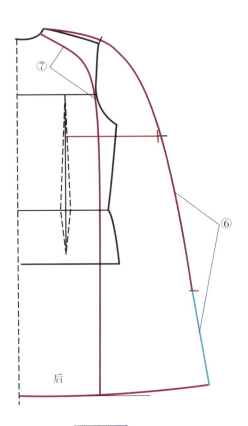

后

图 13-7

用透明拷贝纸将前、后衣片的不同部位分别复制下来。

如果希望披风比较宽大，可沿着结构分割线将衣片分开，在胸宽线和胸围线之间的位置（图13-8，紫线所示）加上5~10cm。这种情况下，需要在样板上标记对位刀口。

画前衣片挂面和领口贴边，然后用透明拷贝纸复制下来（图13-8，蓝线所示）。

如果有衬里，可以借用披风的样板来裁剪（详细说明，请参考《法国时装纸样设计　平面制板基础编》一书）。

在前领口和后领口的基础上画翻领（详细说明，请参考《法国时装纸样设计　平面制板基础编》一书）。

在完成的净样板上加1cm的缝份。

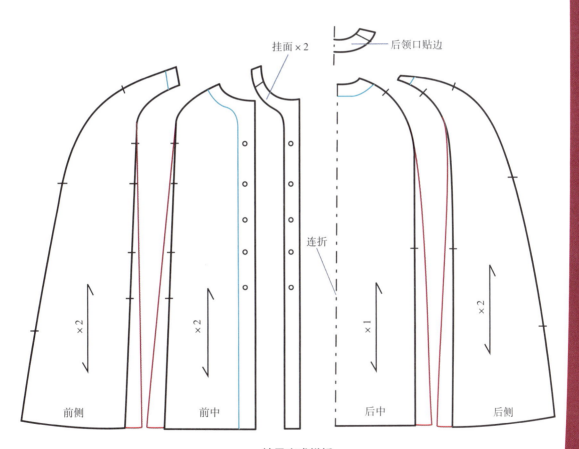

披风完成样板

图 13-8

南美牧人风格披风

我们以本书204页所介绍的披风样板为基础进行样板变化，得到的款式如图13-9所示，其制板步骤如图13-10所示。

① —画45°斜线（表明是斜丝缕）。然后如图13-10所示，画出基础样板（这里样板是整片的，当然也可以只画一半）。从右侧肩端点起，量出臂长。肩部用弧线画圆顺，手臂部分是水平的直线。披风底边与侧缝线成直角，这点非常重要，它能确保侧缝线在剪裁时是直丝缕，那样缝合后不会出现尖角。采用相同方法画出左侧缝线。

② —加宽领口（如左、右两边各加7cm），可以方便头部轻松通过。

214

图 13-9

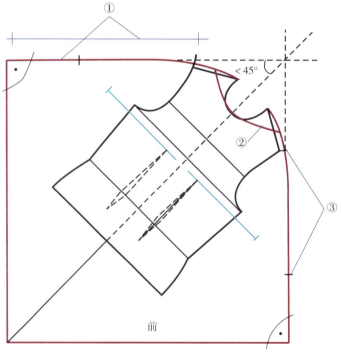

图 13-10

③ —不要忘记在肩线和胸围线位置标记对位刀口，这点非常重要，它能够确保披风的长度和外观在缝合后不会发生变化。

④ —画后衣片，制板方法与前衣片相同（图13–11）。但有几点必须要遵守：侧缝与底边的夹角是直角；手臂的长度和领口加宽的尺寸，前、后衣片必须保持一致。

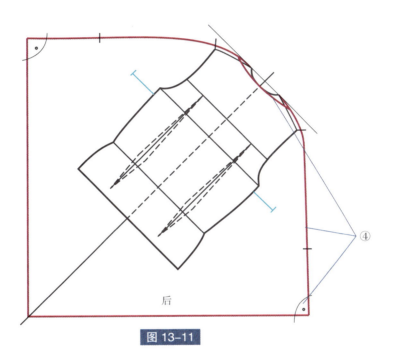

图 13–11

注意：

　　这个样板可能是连折的，但是建议裁布时不要将布对折，因为面料如果斜向对折，就容易变形（尤其是悬垂性较好的面料）。

十三、披风的款式

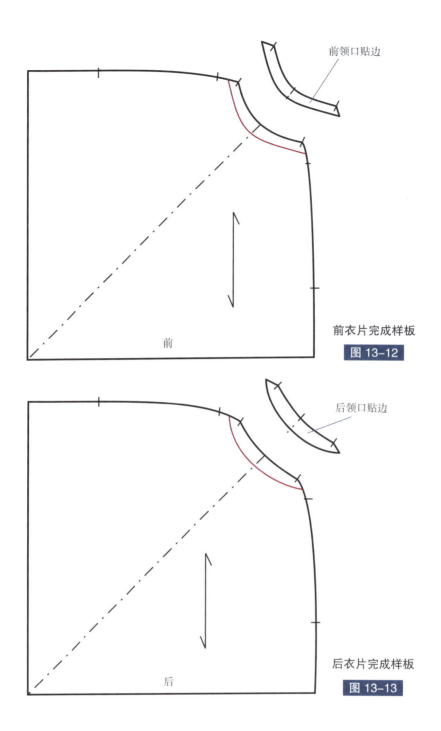

前领口贴边

前衣片完成样板

前

图 13-12

后领口贴边

后衣片完成样板

后

图 13-13

　　如果没有衬里，还需要加领口贴边（图13-12、图13-13）。

　　最后，在完成的净样板上加1cm的缝份，底边加1cm的折边，或者加装饰带。

法国时装纸样设计　平面制板应用编

披肩

披肩款式如图13-14所示。

披肩的样板非常容易制作。不需要采用上衣的基础样板进行样板变化，而是需要根据设计尺寸准备一块长形的布料即可（如150cm×220cm）。

① 一长方形的长和宽都除以2，即一半作为后片，另一半作为前片。在前片上画中线（图13-15）。

② 一在后片上画出加了松量后的领口宽（如18cm）和后领深（如3cm）。

图 13-14

217

③ 一根据设计需要画出领型。如图13-15所示，不同颜色的线条代表三种不同的领口弧线（蓝色、紫色和绿色）。

披肩边缘线的处理，可以采用装饰带，或者1cm的折边，或者加贴边，又或者加衬里。

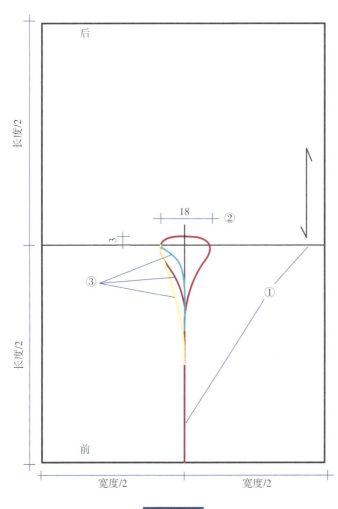

图 13-15

十三、披风的款式

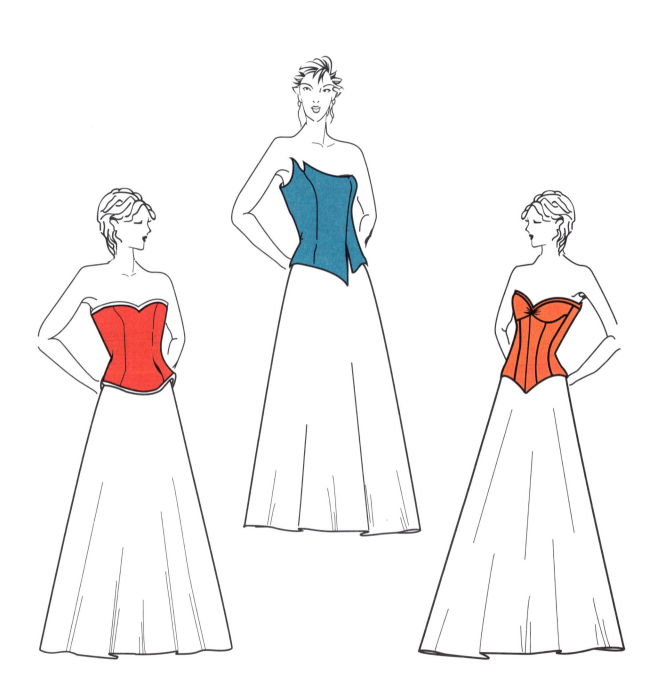

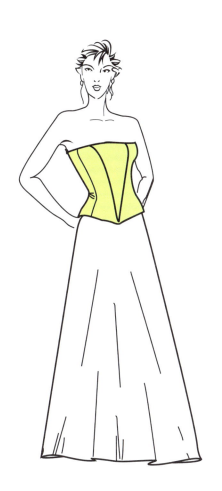

十四、紧身胸衣

无带紧身胸衣因为分割的方式很多可以有很多种款式变化。我们常常在胸衣上加精致的刺绣和花边，并使用束带。无带紧身胸衣因其造型优雅多用于晚礼服。

无带紧身胸衣最重要的一个特点是尽可能地贴合身体曲线，如果有需要，还可以改善体型（收腰、抬高胸部等），就好像以前的女式紧身衣。

无带紧身胸衣的制板并不困难，主要难点在于缝制（如鲸鱼骨、坯布、衬里），这需要非常高超的技巧和缝制经验。

紧身胸衣制板的特殊量体方法

紧身胸衣保留了以前女式紧身衣的结构，穿在外衣里面，具有很好的修身效果。由于其采用的材质硬挺，穿着之后可以在一定程度上改变腰围和胸部轮廓。

要制作无带紧身胸衣，有两个补充尺寸非常重要（图14-1）：

① —胸上围度。这个尺寸对于调节胸的高度很有必要，因为所有的缝线都要加上鲸鱼骨，鲸鱼骨的柔韧性可以帮助定型，这常易于制作抹胸款式。

② —胸下围度。这个尺寸可以帮助精确地调整胸部轮廓，有助于重塑、抬高或凸现胸型。

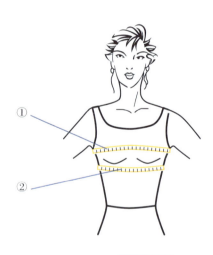

图 14-1

无带胸衣的腰省

腰省可以帮助调节胸部的轮廓线。

根据尺寸，画出无带胸衣的基础样板，并加上腰省（省的大小根据收腰的需要而定，详细说明请参考《法国时装纸样设计 平面制板基础编》一书）。

① —提高袖窿深线2cm，画一条水平线。然后在腰省中线的左侧画一条短的垂直线，距离为胸围和胸上围差数的一半（图14-2，蓝线所示）。

例如：胸围=92cm，胸上围=88cm，92cm-88cm=4cm，4cm÷2=2cm。

② —在省道的中线上，胸围线下7cm处画一条水平线。然后在腰省中线左侧再画一条短的垂直线，距离为胸围和胸下围差数的一半（图14-2，蓝线所示）。

例如：胸围=92cm，胸下围=84cm，92cm-84cm=8cm，8cm÷2=4cm。

③ —用直线连接腰省、直线①和直线②（图14-3，黄线所示）。

④ —将夹角画圆顺（图14-4）。

为了很好地完成胸衣造型，标记对位刀口非常重要。

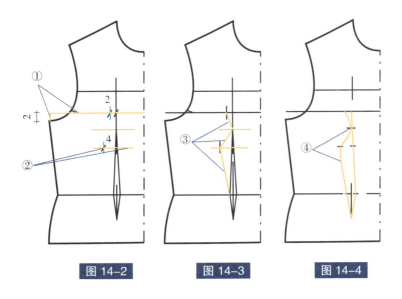

图 14-2   图 14-3   图 14-4

注意：

制作无带胸衣的样板，不可以加松量。

十四、紧身胸衣

十五、无带胸衣的款式

  通过下面一系列款式的练习，能够完整地学习无带胸衣的制板方法。掌握了简单的方法之后，可以运用于其他更为复杂的款式，并获得无限的创作可能。

  无带胸衣的样板是由很多片组合而成的，因此，在样板上标记对位刀口至关重要。一般不需要在基础样板上加松量。

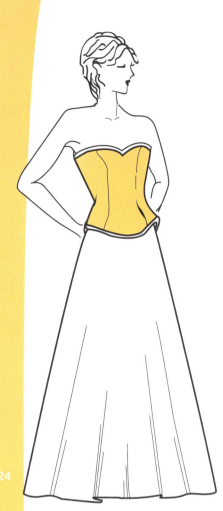

図15-1

直身胸衣

直身胸衣如图15-1、图15-2所示。

以上衣的基础样板为基础，按照尺寸变化基础样板（根据面料的厚度和所使用的鲸鱼骨，给基础样板加上适当的松量）。

① —在前袖窿深线上方2cm处画一条水平线（图15-3，蓝线所示）。

② —确定出前领的领深。然后从袖窿深线的位置起画出无带胸衣的胸部轮廓线，弧线的高度不能低于图15-3中蓝线，否则，会暴露过多的胸部。

③ —转移前腰省后，重新画胸部的轮廓线（请参考本书第221页）。然后，延长腰省至胸衣的底边。

图15-2

224

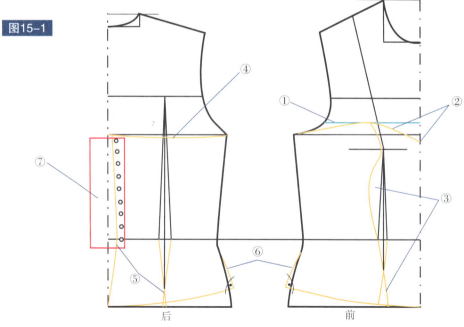

后　　前

图 15-3

④ —在后衣片袖窿深线的位置画胸衣的背部轮廓线。在后中下落0.5~1cm并画弧线，这么做是为了在省道缝合后，背部的上边缘线仍然很圆顺。

⑤ —在袖窿深线上，距离后中线1cm的位置画一个后中省，定出省量，省的大小根据收腰的需要计算（详细说明请参考《法国时装纸样设计　平面制板基础编》一书），并延长后中省至胸衣的底边。

在后中缝两侧加上金属扣眼，间距1~1.5cm，扣眼位置从腰围线向上直到胸衣上边缘，因为要用系带来调节胸衣的松紧。

⑥ —在侧缝线上定出胸衣的衣长，然后下摆加宽1~1.5cm，画新的侧缝线，连接至腰围线。然后，画胸衣的底边弧线。注意，底边与侧缝必须保持90°角。

采用相同的方法制作后衣片样板。

⑦ —画直的窄条作为里襟，宽度约为15cm，长度等于腰围线下2cm到袖窿深线的距离（图15-3，红线所示）。里襟会衬在胸衣内，以避免穿着后背部的肌肤被看到，同时也更加美观。

用透明拷贝纸分别复制胸衣样板的各个部分（图15-4、图15-5）。

采用相同的样板裁剪衬里和面料。

在完成的净样板上，加1cm的缝份。

最后，在样板上标记对位刀口，以便缝合。

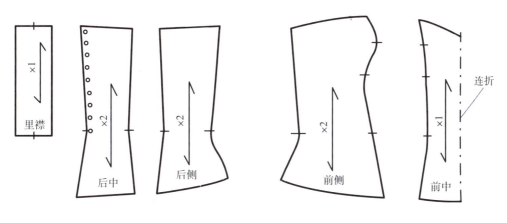

后衣片完成样板

图 15-4

前衣片完成样板

图 15-5

十五、无带胸衣的款式

前片不对称胸衣

款式2

前片不对称胸衣如图15-6、图15-7所示。

这款胸衣以上衣的基础样板为基础，按照规定尺寸，根据面料的厚度和所用的鲸鱼骨，在基础样板上加适当的松量变化而成。

因为前衣片是不对称的，所以需要画出完整的前衣片样板（后衣片可以只画一半）。

① —在前袖窿深线上方2cm的位置画一条水平线（图15-8，蓝线所示）。

② —转移腰省，重新画出胸部的轮廓线（请参考本书第221页），然后延长前腰省至胸衣的底边。

③ —在胸衣的右前片上，从袖窿深线起画一条弧线，止点的高度根据款式而定，并与腰省右侧的延长线相交，交点为点 A。腰省左侧延长至①所画的水平线后，在垂直方向确定点 B 的高度，点 B 比点 A 低一些。然后，用另一条弧线，经过左肩省和水平线①的交点，连接至左袖窿深线。

图15-7

图15-6

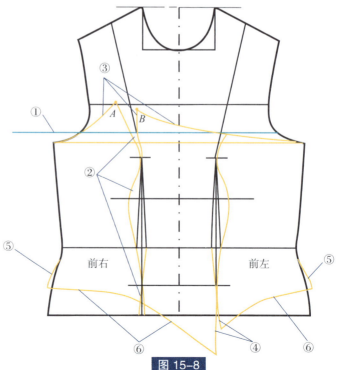

前右　　　　前左

图 15-8

法国时装纸样设计　平面制板应用编

④ —延长胸衣的左侧腰省，长度根据款式而定（如腰省的右边缘线延长至腰围线下15~17cm处，左边缘线延长至腰围线下约10cm处）。

⑤ —确定胸衣的前衣长后，下摆加宽1~1.5cm。然后，画出新的侧缝线连接底边和腰围线。

⑥ —画底边弧线。底边与侧缝的夹角基本保持直角。注意，胸衣的左前片底边弧线与右前片底边弧线是不同的。

⑦ —用透明拷贝纸复制前衣片的侧缝线，然后比对后衣片的侧缝线（前、后衣片的侧缝弧线应该是相同的），并画出底边弧线（图15-9）。

⑧ —在后衣片袖窿深线位置，画上边缘弧线。在后中下落0.5~1cm并画弧线，这是为了在省道缝合后，背部的上边缘看上去仍然很圆顺自然。

⑨ —在后袖窿深线上，距离后中线1cm处加一个后中省，省量为2~2.5cm。

用透明拷贝纸分别复制胸衣样板的各个部分（图15-10、图15-11）。

227

在完成的净样板上，加1cm的缝份。

在样板上标记对位刀口，以便缝合。

采用相同样板裁剪衬里和面料。

在胸衣的后中，采用分开式的拉链，或者系带。

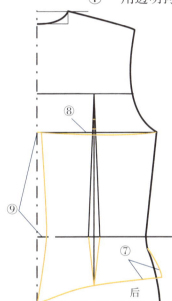

图 15-9

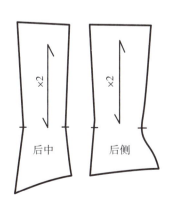

后衣片完成样板（裁2层）

图 15-10

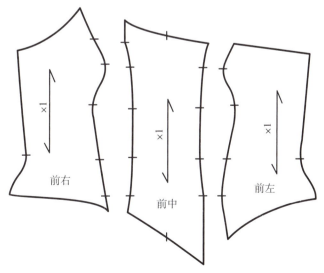

前衣片完成样板（裁1层）

图 15-11

十五、无带胸衣的款式

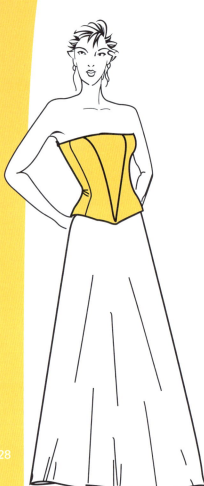

图15-12

分割式胸衣

分割式胸衣如图15-12、图15-13所示。

这个款式以上衣的基础样板为基础，按照所需尺寸，根据面料的厚度和所用的鲸鱼骨，在基础样板上加适当的松量变化而成。

① —在前袖窿深线上方2cm处画一条水平线（图15-14，蓝线所示）。

② —为了画前衣片的心形分割线，首先要延长肩省，直至胸衣的底边。止点距离前中线约2cm，以避免缝份过厚。

③ —从侧缝上的前袖窿深线开始，画出胸衣的上边缘轮廓线，与蓝色水平线相交（图15-14）。

图15-13

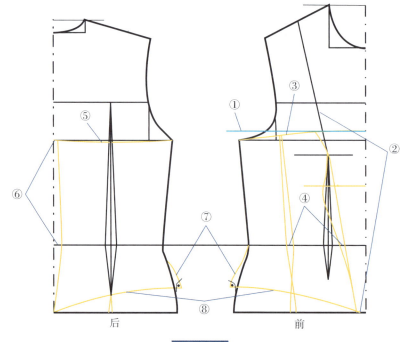

后　　前

图15-14

法国时装纸样设计　平面制板应用编

④ —收腰的总量除以2，确定省量大小（详细说明请参考《法国时装纸样设计　平面制板基础编》一书）。然后，请参照本书第221页的方法，确定第一个省道的位置。在距离侧缝线约5cm处画第二个省道，省道的中线与第一个省道基本平行。

⑤ —从侧缝上的后袖窿深线起，画胸衣背部的上边缘轮廓线。在后中下落0.5~1cm并画弧线，这是为了在省道缝合后，背部的上边缘看上去仍然非常圆顺自然。

⑥ —在袖窿深线上，距离后中线 1 cm 处加一个后中省，省量为2~2.5cm。

⑦ —在侧缝线上量出胸衣的衣长（如腰围线下7cm），下摆加宽1~1.5cm。然后，画新的侧缝线连接底边和腰围线。

⑧ —将前、后衣片的底边画成微弧线，注意底边与侧缝的夹角基本保持90°。前衣长则根据款式而定。

用透明拷贝纸分别复制胸衣样板的各个部分（图15-15、图15-16）。

采用相同样板裁剪衬里和面料。

在完成的净样板上加1cm的缝份。

最后，在样板上标记对位刀口，以便缝合。

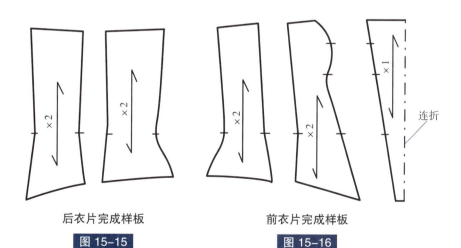

后衣片完成样板
图 15-15

前衣片完成样板
图 15-16

十五、无带胸衣的款式

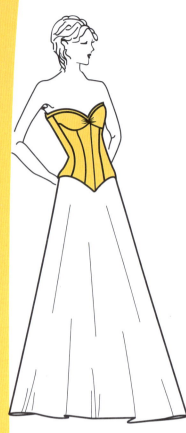

图15-17

罩杯式胸衣

款式4

罩杯式胸衣如图15-17、图15-18所示。

这个款式以上衣的基础样板为基础，按照所定尺寸，根据面料的厚度和所用的鲸鱼骨，在样板上加适当的松量变化而成（图15-19）。

① —在前袖窿深线上方2cm处画一条水平线。

② —收腰的总量除以2，确定省量大小（详细说明请参考《法国时装纸样设计 平面制板基础编》一书）。然后，将第一个腰省的省量转移后，重新画胸部的轮廓线（请参照本书第221页和图14-2~图14-4）。然后，垂直于胸衣的底边延长腰省。

③ —第二个省道距离侧缝线约5cm，省的中线与第一个省道基本平行。

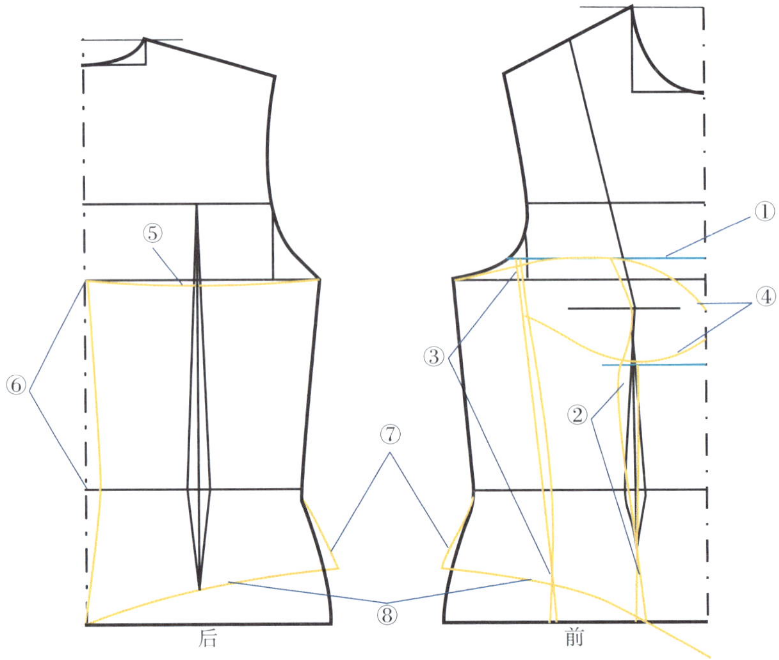

图15-18

后　前

图15-19

④ —画前胸的罩杯。罩杯的上、下弧线位置必须在两条水平线之间（一条水平线位于袖窿深线上方2cm处，另一条水平线在胸围线下7cm处），确定水平线位置的方法请参考本书第221页内容。

⑤ —从侧缝上的后袖窿深线位置起，画胸衣的上边缘轮廓线。后中下落0.5~1cm，这是为了在省道缝合后，上边缘线看上去仍然圆顺自然。

⑥ —在袖窿深线上，距离后中线1cm处加一个后中省，省量为2~2.5cm。

⑦ —在侧缝线上量出衣长（如腰围线下7cm）。胸衣下摆加宽1~1.5cm，然后画新的侧缝线连接底边和腰围线。前衣片和后衣片的侧缝必须保持相同的弧度。

⑧ —根据胸衣的外形和长度，将前、后衣片的底边画成微弧线形。

用透明拷贝纸分别复制胸衣样板的各个部分（图15-20、图15-21）。

采用相同样板裁剪衬里和面料。

在完成的净样板基础上，加1cm的缝份。

在样板上标记对位刀口，以便缝合。

胸衣的后中缝，可以采用分开式拉链，或者系带方式。

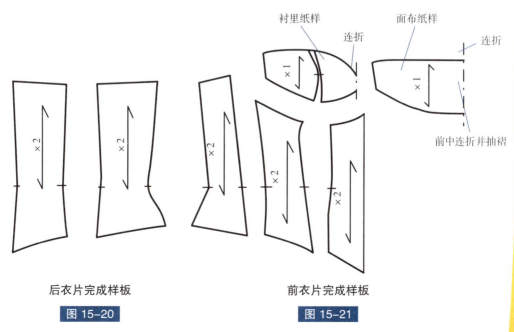

后衣片完成样板

图 15-20

前衣片完成样板

图 15-21

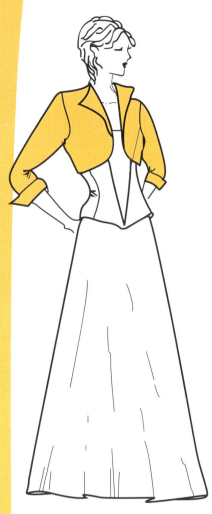

图15-22

翻立领、开襟短上衣

翻立领、开襟短上衣如图15-22所示。

按照尺寸，画上衣的基础样板，并加上一定的松量（如胸围+4cm）。然后按照图15-23所示步骤变化基础样板。

① —画立领，立领高度不超过4cm（领子的制板方法，请参考《法国时装纸样设计　平面制板基础编》一书）。

② —翻领的领面宽约10cm。然后，确定衣长（如胸围线下12cm），前衣片底边呈弧线形。

③ —在后中加一个省道（后中省的大小根据收腰的需要计算，具体方法请参考《法国时装纸样设计　平面制板基础编》一书）。后衣片的底边是水平直线，侧缝的长度要与前衣片相同。

图15-23蓝线所示是后衣片的另一种设计。

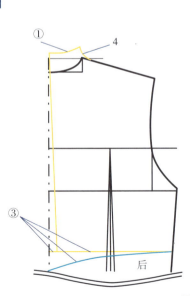
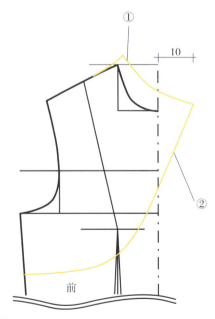

图15-23

后衣片的样板完成后，将侧缝的缝份去掉（图15-24，黄线所示）。用透明胶带将前、后衣片在侧缝处拼合起来，也可以重新再画一遍。

这款短上衣的后中有拼缝，但也可以不要这条拼缝。如果是在这种情况下，就没有了后中省（若上衣尺寸偏大，取消后中省的效果会更好）。

因为是连翻领，所以要采用相同的面料来做衬里，并且需借用上衣样板来裁剪。

根据袖窿的长度和深度，在袖子肘部要加一个省道（详细的制板说明请参考《法国时装纸样设计 平面制板基础编》一书）。

在完成的净样板上加1cm的缝份。

为了方便缝合，在样板上要标记对位刀口。

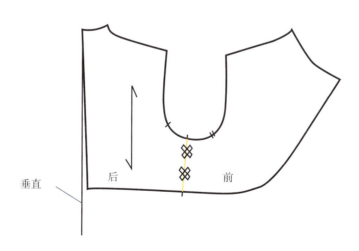

开襟短上衣完成样板

图15-24

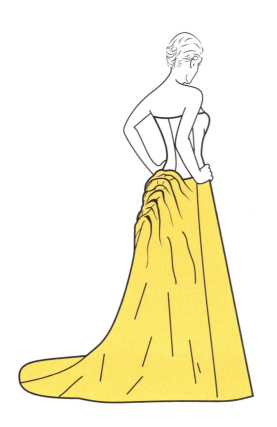

十六、礼服裙

　　一般意义上的晚礼服裙，以长裙为主，带有较大的裙撑，或者没有裙撑，或有曳地的拖裙，或是裙子有垂荡部分，有层叠的褶裥等。但是在今天，这些装饰性的设计在普通的日装裙上也能被发现。

　　下面将要介绍的款式，都是以直裙的基础样板为基础进行变化的。礼服裙的款式设计可以非常复杂，但在本书里，我们会更多地练习那些常见的、有代表性的款式，这对于日后打板非常重要。

带裙撑经典礼服裙

这款礼服裙是在长裙的后裙片底边加支撑物制作而成（图16-1）。采用同样的方法，也可以将裙撑用于大摆裙或A型裙。

为了美观，要将裙撑很好地隐藏在长裙底边，并且确保在走动时，底边不会因此而翻卷。所以，有两条很重要的制板规则需要遵守：

- 在裁剪时，前裙片侧缝的角度必须与后裙片侧缝相同，即放出相同的松量。否则，比较直的那条侧缝（即裁剪时角度较小的那一侧）会受到牵制，让裙撑变形，导致侧缝倒向后中，影响长裙的垂顺感。

- 在裁剪时，后中线不能置于面料直丝缕的方向，而应该是斜向的（斜裁的角度不一定是45°），这样才会有一定的柔韧性和灵活性。否则，活动时，后中线如果被牵动，裙撑接缝的地方就会相互撞击，从而导致底边弧线不平顺。

236

图 16-1

按照A型裙的制板方法画礼服裙的前裙片（A型裙的制板细节，请参考《法国时装纸样设计 平面制板基础编》一书），下摆较宽，宽度定为150cm（图16-2）。然后按照面料直丝缕的方向，放置样板（图16-3，红线所示）。

预先了解面料的幅宽非常重要，因为这决定了后中线的倾斜角度。为了加大裙摆，也可以再拼接一块面料，但这样可能会影响后中拼缝线的美观。

还有一点也非常重要，即裙子的后中线要与底边保持直角，这样才能避免在缝合后出现尖角。

如图16-3所示，是不同的裙尾长度。

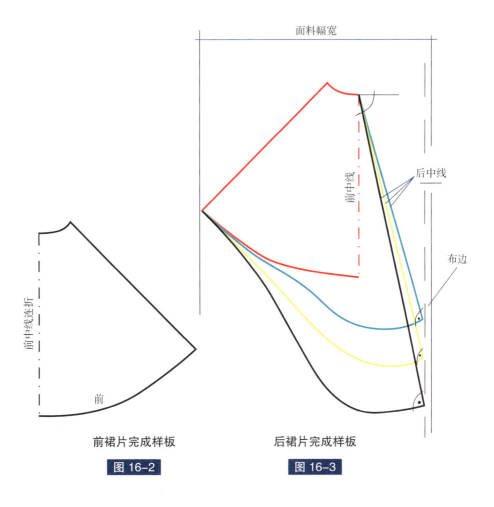

前裙片完成样板

图 16-2

后裙片完成样板

图 16-3

单侧收褶裥礼服裙外裙

单侧收裙裥礼服裙外裙如图16-4所示。因为这款礼服裙有内裙，所以可以在外裙上做更多装饰和细节变化。当然，内、外裙的垂势要能很好地吻合。

采用内裙样板作为基础进行变化，制作外裙的样板。

图16-5介绍了在制作此类样板时常会犯的一些错误。由于内、外裙的样板完全一样，所以在单侧收褶裥时，会产生一些问题：

■ 裙子后中缝的位置改变。

■ 有褶裥的一侧会缩短，并向褶裥的方向牵拉，这样，外裙被挤压，完成后的外观效果可能会与款式图有所很大的不同。

238

图 16-4

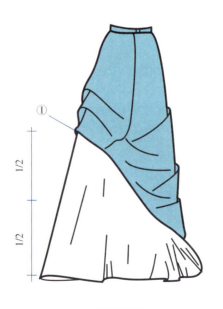

①

1/2

1/2

图 16-5

为了避免这些错误，制板时请按照以下步骤操作：

① 一测量加了褶裥后的外裙侧缝的离地高度，然后除以2。加大外裙下摆，增加量不少于1/2的离地高度。

如果外裙采用一片式裁剪，面料又比较轻薄，如薄纱，那刚才所说的下摆增加量就足够了；但如果使用比较硬挺的面料，如生丝织物，那下摆需要加宽5~10cm，甚至更多，由于叠起后产生的褶裥体积会更大，因此需要用到的面料也更多。

② 一用直线画出新的侧缝线，然后用弧线连接底边和臀围线（图16-6，蓝线所示）。

前、后裙片下摆增加量应该一致，而且侧缝的弧度也应该相同。

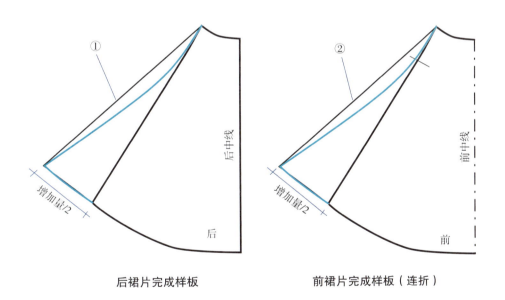

后裙片完成样板　　　　　前裙片完成样板（连折）

图 16-6

两侧收褶裥礼服裙外裙

在A型裙的样板基础上进行样板变化。两侧收褶裥礼服裙外裙如图16-7所示。

图16-8介绍了在制作此类样板时常会犯的一些错误。由于内、外裙的样板完全一样，所以在侧缝收褶裥时，会产生一些问题：

- 过多的褶裥，会导致外裙的下摆过大。
- 完成后的长裙外观效果与最初的设计可能会有很大不同。

图 16-7

图 16-8

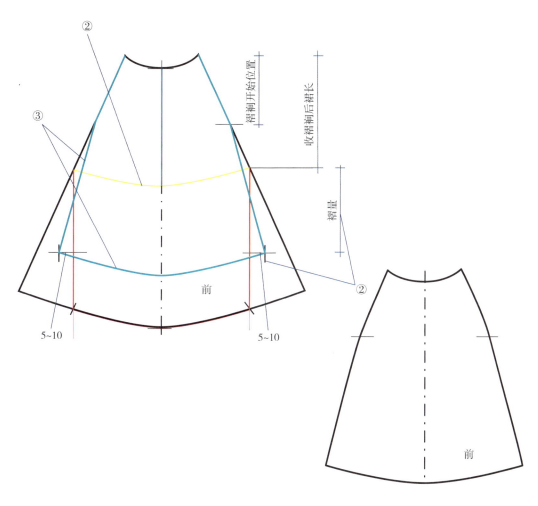

前片内裙样板

图 16-9

为了避免这些错误，请按照以下步骤制板：

① 一首先确定外裙的长度和侧缝上褶裥或者碎褶的位置（图16-8），然后在基础样板上做标记（图16-9）。

② 一画外裙的底边（图16-9，绿线所示）。从收褶裥后的裙长位置起，画两条垂直线直至底边（图16-9，红线所示），在垂直线上确定褶裥量。为了确保褶裥能自然下垂，不被牵制，需要在外裙的两侧各增加5~10cm。

③ 一从叠起后第一个褶裥的位置起，画外裙的侧缝线。外裙的底边弧线应该平行于内裙的底边弧线（图16-9，蓝线所示）。

采用相同的方法，制作长裙的后裙片样板。

十六、礼服裙

后中有叠起褶裥礼服长裙

这款裙子的后中设计有褶裥或碎褶，或者仅仅是简单的叠起，这些都是以A型裙的基础样板为基础进行变化的（图16-10）。

为了避免侧缝、后中缝或裙子的下摆不平衡，仅在裙子的上半部分进行变化。

首先为裙子的后裙片加上裙撑（请参考本书第236页内容），然后按图16-11所示进行操作：

① —腰围，至少后腰围需要加衬里。然后，从裙撑的底边向上画一条垂直线直至腰围（图16-11，绿线所示）。

② —向上延长垂直线作为褶裥或者碎褶的褶量（图16-11，紫线所示）。

③ —用弧线连接至侧缝，注意后中缝必须保持直角，否则在缝合后，后中会出现尖角（图16-11，蓝线所示）。

图 16-10

为了确保后裙片褶裥的饱满，有体积感，可以用硬挺的网纱做碎褶，或者层叠后直接缝在裙子的后腰位置，也可以用支撑框架。在面料比较硬挺或厚重的情况下，常会使用支撑框架。

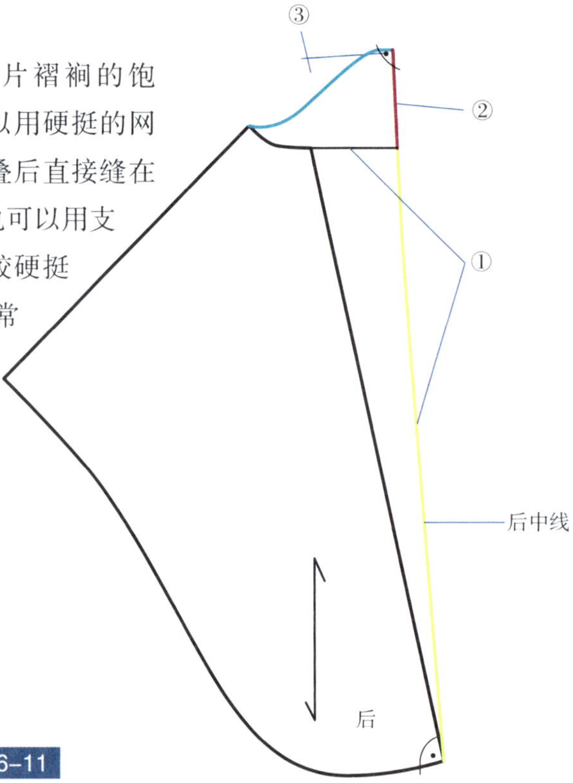

③

②

①

后中线

后

图 16-11

法国时装纸样设计　平面制板应用编

衬裙

衬裙的作用是为了支撑起外裙，使裙子看上去有体积感。衬裙的形状和质量取决于所采用的材料。

衬裙可以是将硬挺的网纱缝制成波浪形，也可以仅用轻薄的面料，通过在衬里夹层里加裙箍完成。一般来说，衬裙与裙子是分开的。一般在衬裙的后腰部用织带系蝴蝶结来调节腰围的大小。

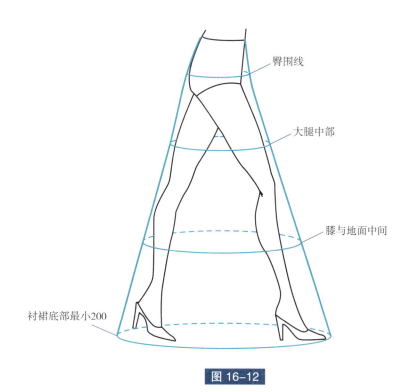

臀围线

大腿中部

膝与地面中间

衬裙底部最小200

图 16-12

将A型裙的样板进行变化，来制作衬裙样板。为了让衬裙穿着后更加舒适，更加贴合外裙，必须遵守以下几条制板规则。

■ 衬裙的下摆不小于200cm，否则会限制行动。

■ 不能随意放置裙箍，这样才能保证裙子的美观和舒适：膝围处裙箍的大小，要考虑行走的方便；腰围和大腿围之间放置裙箍，要考虑不影响坐下。如有必要，第一个裙箍置于腰围线下18~20cm处，第二个裙箍置于大腿围处，第三个裙箍置于膝盖和底边的中间，最后一个置于距离底边2~3cm处（图16-12）。